COMPTE-RENDU

DES LEÇONS

D'ARBORICULTURE

PROFESSÉES

A CARCASSONNE

EN NOVEMBRE 1864.

PAR M. DU BREUIL

Professeur d'arboriculture au Conservatoire
Impérial des Arts et Métiers.

CARCASSONNE,
TYP. DE L. POMIÉS, RUE DE LA MAIRIE, 50.

1865.

ARBORICULTURE.

COMPTE - RENDU

DES LEÇONS

PROFESSÉES A CARCASSONNE

EN NOVEMBRE 1864

PAR M. DU BREUIL

Professeur d'arboriculture au Conservatoire
impérial des Arts et Métiers.

CHOIX DES ESPÈCES D'ARBRES.
PÉPINIÈRES.
PLANTATIONS FORESTIÈRES ET D'ALIGNEMENT.
ÉLAGAGES. — PLANTATIONS D'ORNEMENT.
HAIES VIVES. — PRINCIPALES MALADIES
ET INSECTES NUISIBLES.

CARCASSONNE ,

L. POMIÉS, IMPRIMEUR, RUE DE LA MAIRIE, 50.

—

1865.

En publiant dans le *Courrier de l'Aude* le compte rendu du cours d'arboriculture professé par M. du Breuil à l'Hôtel de Ville de Carcassonne, nous nous sommes attaché à reproduire aussi exactement que possible ses intéressantes leçons. Les régles qu'il a développées, fruit de longues et consciencieuses études basées sur la science et la pratique, ne pouvaient être en effet l'objet d'une rapide analyse, alors que le but à atteindre était ainsi tracé : *propagation, vulgarisation des bonnes méthodes*.

L'initiative du gouvernement ne saurait être un fait isolé, surtout lorsqu'il s'agit des progrès de l'agriculture auxquels se relient si intimement ceux de l'arboriculture. Le passage d'un professeur émérite demande plus qu'un souvenir ; il doit laisser de profondes empreintes dans la contrée qui a été appelée à jouir des bienfaits de son enseignement ; en d'autres termes , cet enseignement doit profiter à tous et ne pas être uniquement relégué dans la mémoire des auditeurs privilégiés , dont le nombre a été forcément restreint.

Ces considérations nous ont engagé à réunir en une brochure la série des articles publiés. Ce travail préparé sur les nombreuses notes que nous avions recueillies , a été soigneusement contrôlé à l'aide des ouvrages de M. du Breuil. Nous avons donc la conviction , nous pourrions dire la certitude , de n'avoir commis aucune erreur , aucune omission importante. Notre tâche était d'ailleurs facilitée par la clarté et la précision des démonstrations.

Le programme dans lequel a dû se renfermer M. du Breuil était limité; sa mission avait principalement pour but l'instruction des agents des ponts et chaussées appelés à créer , surveiller et entretenir les plantations d'alignement. Mais en présence d'un auditoire renforcé d'agriculteurs intelligents , le cadre s'est élargi et les principes et les règles dont la connaissance est un guide sûr dans les diverses pratiques ayant trait à l'arboriculture en général, ont été passés en revue. Nous osons donc espérer que notre travail sera favorablement accueilli des personnes s'intéressant aux progrès de l'agriculture.

L. GAIDAN.

Avril 1865.

ARBORICULTURE.

COMPTE-RENDU

DES LEÇONS

PROFESSÉES A CARCASSONNE

EN NOVEMBRE 1864

Par M. du BREUIL,

Professeur d'arboriculture au Conservatoire
impérial des Arts et Métiers.

L'arbre de haute-futaie considéré comme produit et comme ornement, offre une étude intéressante, dont les principes s'appliquent à tous les pays, à tous les climats.

Nous ne nous attacherons pas à énumérer ici les nombreux avantages des plantations de ce genre intelligemment faites, soigneusement entretenues. Citons toutefois comme produit, les bois de charpente et de service pour le charronnage, la transformation des branchages en charbon, les bois de chauffage, sans compter tous les services que rend à l'alimentation du bétail, surtout pendant l'hiver, l'élagage des arbres.

Comme ornement, l'arbre de haute-futaie décore les parcs somptueux, les jardins, les avenues des châteaux, les magnifiques promenades qui ornent nos cités. Lorsqu'il abrite la chaumière du pauvre, il en embellit le séjour : sans lui, pas de riant paysage, pas de plaisirs champêtres , et qui d'entre nous ne garde un heureux souvenir des joyeux ébats de son enfance sous les verts ombrages des campagnes !

Comme abri, il amortit les effets des vents desséchants si nuisibles aux récoltes , tout en rompant la monotonie des vastes plaines et reposant agréablement la vue.

Mentionnons enfin la bienfaisante influence qu'exerce sur l'économie animale la végétation des arbres doués de la propriété de purifier l'air atmosphérique, en lui enlevant la trop grande quantité de gaz carbonique qui se dégage des grand centres habités , considération assez puissante pour engager à multiplier les plantations dans le voisinage des villes et des habitations.

Propager la science de l'arboriculture, les principes sur lesquels elle repose , est donc une œuvre éminemment utile et l'enseignement recueilli dans les quelques leçons données par M. du Breuil à l'Hôtel-de-Ville de Carcassonne , est appelé à laisser dans le département de l'Aude des traces profondes du passage de l'éminent professeur du conservatoire impérial des arts et métiers.

Il y a déjà plus d'un demi siècle, un savant géographe, dont les travaux sont impérissables , s'élevait avec force contre l'incurie des propriétaires qui laissaient à l'état de nudité les vastes plaines s'étendant de Castelnaudary à Carcassonne. Que le lecteur nous permette ici une courte citation se rapportant à notre sujet et dont l'autorité ne sera pas contestée.

« De *Castelnaudary* à *Carcassonne* , dit Malte-Brun (1) , il n'y a que les bords du canal du midi qui soient ombragés de quelques arbres ; le reste de la

---

(1) *Malte-Brun : Géographie.* Livre cinquante-troisième, 1re section. Description de la France, région méridionale,

campagne offre la plus triste nudité. La répugnance des gens de ce pays pour les arbres passe toute croyance. Aussi, c'est ce qui fait dire à un voyageur français que certainement les habitants de l'Aude ne descendent pas des adorateurs des forêts ; « et ce n'est pas, ajoute-t-il, le paysan seul qui « détruit toute plante portant ombrage ; des hom- « mes qui hors de là ont tous les symptômes de la ci- « vilisation, s'en vont hachant, coupant et ne plan- « tant jamais. Si on leur demande, en contenant le « mieux possible son indignation, comment sous un « climat quelquefois brûlant, sujet à des vents in- « supportables et presque continuels, ils ne cher- « chent pas à se procurer un abri par des plantations, « comme on fait ailleurs, ils ont la confiance de « vous répondre que chez eux le terrain est trop « précieux pour cela ; comme si en Normandie et en « Flandre la terre se donnait pour rien ! »

Sans doute, depuis que ces lignes ont été écrites, il y a eu de louables efforts tentés et nous pourrions citer des propriétaires auxquels sont dues des plantations importantes ; mais on ne saurait s'arrêter dans cette voie. Hâtons-nous d'ajouter que l'empressement des agriculteurs et leur scrupuleuse attention aux leçons du professeur, témoignent de l'importance qu'ils attachent aujourd'hui à cette branche de l'agriculture.

Les cours de M. du Breuil, faits principalement en vue des plantations le long des routes et canaux, ont fait connaître à son auditoire les principes immuables et trop souvent méconnus qui régissent l'arboriculture en général. L'arbre forestier, l'arbre d'alignement, l'arbre d'ornement, l'arbre abri ont d'ailleurs été passés en revue. La plantation des haies vives, si utiles pour la clôture et la défense des héritages, a aussi été l'objet de démonstrations et d'instructions précieuses à recueillir.

Nous espérons donc que les lecteurs du *Courrier de*

l'Aude accueilleront avec bienveillance l'analyse que nous entreprenons des leçons du maître. Nous nous efforcerons de la rendre aussi complète que possible, dans le double but de faire profiter les absens d'un enseignement forcément restreint à un certain nombre d'auditeurs et de fournir à ces derniers des notes destinées à graver dans leur mémoire les notions acquises.

Nous exprimons au début le regret de ne pouvoir reproduire les figures qui avaient été ingénieusement disposées sur des tableaux en vue de tous et qui ont puissamment contribué à l'intelligence d'une foule de démonstrations. Le lecteur voudra donc bien être indulgent, si nous ne parvenons pas toujours à être aussi clair que nous le désirerions.

Les avantages résultant des plantations le long des routes et canaux ne sont plus mis en question. Il est aujourd'hui démontré que l'humidité entretenue par ces plantations est plutôt favorable que nuisible au bon entretien des chaussées. Il y a toutefois exception pour les voies établies sur des terrains compactes, imperméables et sous un climat brumeux et humide, ainsi que pour celles ouvertes en tranchée dans un sol glaiseux. De plus, les jeunes plants ne sauraient réussir sur les bords d'une route assise immédiatement sur le roc.

Mentionnons encore, qu'indépendamment de l'ombrage projeté pendant la saison d'été, les arbres à haut jet sont de précieux jalons pour la sécurité du parcours dans les pays exposés à des neiges abondantes, et que sur les canaux ils servent d'abri contre la violence des vents. Aussi le gouvernement fait-il aujourd'hui de louables efforts pour doter les voies de communication de plantations qui seront dans l'avenir une source de produits pour l'État.

En effet, la longueur des routes et canaux en France est très approximativement évaluée à 75,000 kilomètres. En admettant de chaque côté, des plantations d'arbres avec espacement de dix mètres en moyenne, on arrive au chiffre important de 15 millions de pieds d'arbres, représentant à raison de 400 par hectare, l'équivalent d'une superficie de 57,500 hectares richement boisés, (soit environ un vingtième des forêts domaniales), dont les produits s'obtiendront sur un terrain considéré comme improductible et seront favorisés par une végétation accomplie dans de bien meilleures conditions que celles des forêts, où l'humidité permanente du sol et le défaut de lumière sont un obstacle à la belle venue des sujets.

Dans les plantations d'alignement, il est à remarquer que les arbres doivent avoir un tronc assez élevé pour que les branches de la tête ne gênent point la circulation; leur feuillage doit fournir un ombrage épais; il convient aussi de choisir les espèces rustiques, capables de résister aux accidents et n'exigeant pas des soins trop minutieux.

Il est nécessaire d'approprier les diverses espèces au climat, à l'exposition et à la nature du sol sur lequel on doit opérer. Le climat se caractérise, non par le degré de latitude, mais par la température et les variations atmosphériques propres à chaque localité; ainsi, dans le département de l'Aude, le climat du nord se rencontre dans la partie montagneuse, surtout sur les versants exposés au nord. S'il est des espèces nombreuses s'accommodant parfaitement des diverses natures de climats, il en est d'autres qui, propres à celui du nord, ne sauraient réussir exposées aux influences d'une chaleur méridionale et *vice versa*.

Quant à la nature du sol, elle influe aussi notablement sur la venue des sujets. La fertilité des divers terrains peut se classer ainsi : 1° ceux de consistance moyenne, argilo-calcaires ou argilo-siliceux; 2° les sols légers humides de même nature; 3° les terrains légers, d'humidité moyenne; 4° les terrains légers, siliceux et secs. Les moins fertiles sont : les argiles compactes, imperméables, les calcaires secs et enfin les tourbes humides desquelles il n'y a pas lieu de se préoccuper dans le département de l'Aude.

Nous croyons utile de donner ici, d'après le tableau qui en a été dressé par M. du Breuil, la nomenclature des principaux arbres de haut jet acclimatés en France, dont la culture présente le plus d'avantages et de mentionner leur appropriation aux différentes qualités de terrains. Les indications qui suivent sont communes aux plantations forestières, d'ornement et aux plantations d'alignement.

Parmi les espèces *non résineuses :*

Le *Peuplier blanc*, le *Peuplier d'Italie*, le *Peuplier argenté* s'accommodent de tous les terrains, excepté des argiles compactes et des calcaires secs ; ils préfèrent les terrains profonds et un peu frais ; le *Peuplier du Canada* redoute moins l'influence de la sécheresse ; les deux dernières espèces croissent plus rapidement que les autres ; de plus, le bois du peuplier argenté est de meilleure qualité.

Le *Vernis du Japon* ou *Ailante* (1) croît partout excepté dans les argiles compactes ; son accroissement est très rapide dans les sols qui lui conviennent le mieux, c'est-à-dire dans une terre légère, un peu humide.

Le *Platane* demande un sol de consistance moyenne, ou un sol léger humide ; il aime surtout le voisinage des eaux courantes.

Le *Tilleul à larges feuilles* ou *Tilleul de Hollande*, le *Tilleul à petites feuilles* doivent être plantés dans des sols profonds, de consistance moyenne, ou siliceux argileux.

Le *Robinier faux accacia* s'accommode de tous les

(1) Le *Vernis du Japon* doit être planté loin des habitations, eu égard à l'odeur pénétrante et désagréable de ses fleurs.

terrains excepté des argiles compactes et des calcaires secs; il préfère les sols siliceux exposés au
nord.

L'*Erable sycomore* et l'*Erable plane* dont les bois
sont recherchés pour de nombreux usages, aiment
les terrains silicéo-argileux ou siliceux un peu frais.
Ces deux espèces se plaisent dans les plaines et sur
les coteaux.

L'*Orme champêtre*, l'*Orme tortillard* et l'*Orme
pédonculé* s'accommodent de tous les terrains légers
et de consistance moyenne, suffisamment humides ;
ils se plaisent surtout dans les sols calcairo-argileux.

Le *Charme commun* vient bien à toutes les expo-
sitions, dans les plaines, sur les coteaux et les montagnes peu élevées. Il lui faut un terrain calcairo-
argileux, profond et un peu frais.

L'*Aune commun* se plait le long des rivières et
ruisseaux et exige un terrain léger humide. Son bois
a la propriété de se conserver parfaitement sous
l'eau.

Le *Frêne élevé*, arbre de première grandeur, s'accommode de tous les terrains un peu frais, pourvu
qu'ils ne soient ni trop argileux, ni trop calcaires ;
il préfère l'exposition du nord.

Le *Châtaigner commun* aime les terres fertiles,
les sols-silicéo-argileux et les terres siliceuses suffisamment fraîches; il se développe aussi dans les
terrains secs, légers, impropres aux céréales et sur
les rochers ; mais il redoute les argiles compactes et
humides et les terrains calcaires ; il se plait surtout
sous un climat doux, sur le penchant des coteaux.

Le *Noyer* doit être exclu des sols compactes humides et des sols siliceux secs, ainsi que des calcaires
secs ; les terrains qui lui conviennent le mieux sont
les sols frais, profonds, de consistance moyenne et
un peu inclinés.

Le *Chêne rouvre,* le *Chêne à glands pédonculés*
qui atteignent de très grandes dimensions, deman-

dent un sol profond, humide, argileux ou argilo-siliceux ; ils se développent bien aussi dans les sols siliceux humides. Ils redoutent l'excès du froid et de la chaleur. Le chêne pédonculé croît plus rapidement que le chêne rouvre et son bois est moins noueux ; il atteint aussi de plus grandes dimensions, mais il exige un terrain plus profond.

Tous les arbres dont nous venons de faire mention conviennent au climat du nord et au climat du midi.

Le *Hêtre des bois*, l'un des plus beaux arbres forestiers, ne se comporte bien que sous le climat du nord ; il lui faut un sol argileux, compacte ou de consistance moyenne et graveleux.

Les arbres non résineux qui sont propres au climat du midi, sont :

Le *Chêne Thauzin* qui est très commun et très éstimé comme bois de chauffage ; il s'accommode de tous les terrains arides et n'exclue que les sols argileux compactes.

Le *Micocoulier de Provence* qui s'accommode aussi de tous les terrains, même des sols les plus arides ; son bois est destiné à de nombreux usages. On peut le cultiver en taillis, ce qui a lieu dans les environs de Narbonne, où l'on coupe tous les deux ans ses nombreuses et fortes pousses dont on fait les manches de fouets si connus sous le nom de *Perpignans*. La propagation de cette espèce précieuse ne saurait être trop conseillée dans les plaines du département de l'Aude.

Parmi les espèces *résineuses* :

Le *Pin de Corse*, qui atteint un très grand développement, croît bien sous les deux climats; il exige un sol humide et un peu substantiel. Le *Pin noir d'Autriche* réussit également sous le climat du nord et sous celui du midi.

Le *Pin sylvestre* est un arbre précieux, qui permet d'utiliser les sols les plus arides, soit siliceux, soit calcaires, dans lesquels il donne de bons produits.

Il aime le versant septentrional des hautes montagnes et ne doit être cultivé que sous le climat du
nord.

Le *Pin Weymouth* (climat nord), atteint une élévation de 50 à 55 mètres ; il demande des terrains
de consistance moyenne, ou légers, humides, pas
trop siliceux.

Le *Sapin commun*, le *Sapin épicéa* (même climat)
exigent des terrains substantiels et une exposition
au nord, surtout sur le versant septentrional des
hautes montagnes. La dernière espèce ne dépasse
pas ordinairement 25 mètres d'élévation, tandis que
le sapin commun atteint jusqu'à 50 mètres. Le sapin
épicéa acquiert une meilleure qualité de bois dans le
nord de l'Europe.

Le *Mélèze d'Europe*, à feuilles caduques, (même
climat), dont le bois est-très estimé pour la charpente, se développe très-bien sur le versant septentrional des hautes montagnes. Il lui faut un sol
de consistance moyenne ou un sol léger, humide.

Parmi les résineux appartenant au climat du midi
seulement, il faut citer :

Le *Pin d'Alep* qui croît dans tous les sols indis-
tinctement et que l'on doit classer parmi les arbres
les plus précieux pour le boisement des terrains
arides du Midi. Le climat de cette contrée lui est
nécessaire.

Le *Pin pignon*, dont la croissance est lente ; ses
cônes renferment des graines comestibles, il préfère
les sols siliceux et vient également dans les calcaires
secs. On doit l'exclure des sols compactes et de ceux
de consistance moyenne. Il redoute la rigueur des
hivers du nord de la France.

La tige de ces deux espèces atteint une élévation
de 16 mètres.

Le *Pin maritime* ou *Pin de Bordeaux*, d'une
élévation moindre que les précédents, fournit une
grande quantité de résine ; il se développe bien dans

tous les terrains excepté dans les sols compactes. Cet arbre est précieux pour la fixation des sables et des dunes.

Le *Cyprès pyramidal* dont la tige atteint de 10 à 12 mètres d'élévation , demande une terre légère , graveleuse et chaude ; l'exposition au midi est celle qui lui convient le mieux. On doit l'exclure des terrains secs, siliceux et calcaires. Il est très utile comme abri.

Il est à remarquer que les diverses espèces résineuses ne fournissent de bons bois de service qu'autant qu'elles sont plantées en massif serré. Ces arbres disposés en lignes isolées s'allongent peu et restent pourvus de branches jusqu'à la base, circonstance nuisible à la qualité du bois.

Les soins qu'exigent les jeunes plants dans les pépinières , la manière dont ils y ont été traités , la nature du sol dans lequel ils se sont élevés, les précautions à prendre lors de leur enlèvement pour être plantés à demeure, sont autant de points importants qui méritent d'être examinés.

PÉPINIÈRES.

Le succès des plantations dépend en première ligne de la manière dont les jeunes arbres ont été traités en pépinière. L'enfance des êtres organisés exige des soins minutieux desquels on ne s'écarte pas impunément. Il est donc important de bien connaître les règles auxquelles est astreinte leur éducation et de les mettre rigoureusement en pratique. Cette connaissance est aussi utile à celui qui s'adresse à l'industrie privée pour se procurer des jeunes plants, qu'à celui qui crée et exploite une pépinière; elle est un guide sûr pour le bon choix des sujets; de plus , les principes sur lesquels repose la bonne direction du premier âge , ont , comme nous le verrons , une corrélation intime avec ceux qui régissent l'arboriculture en général.

Ces considérations suffiraient pour démontrer l'op-
portunité de créer des pépinières lorsqu'il s'agit de
faire des plantations importantes. L'Etat, les grandes
administrations publiques, ajoutons même les particuliers, y auraient le plus grand intérêt et devraient
agir ainsi toutes les fois qu'il y aurait possibilité de
disposer d'ouvriers intelligents, aptes à ce genre de
culture, et de posséder des emplacements convenablement disposés sur un sol qui, propre au développement des espèces, se rapprocherait le plus de la
nature de celui destiné à les recevoir à demeure. Il
y aura d'ailleurs une très grande économie à être
affranchi de l'obligation de s'adresser à l'industrie
privée. Les plants propres à être placés à demeure
reviendront à peine en moyenne à 0 fr. 50 c. l'un,
alors qu'ils se paient dans le commerce à raison de
1 fr. et 1 fr. 25 c. De plus, les soins intelligents qui
leur auront été prodigués, en dehors de toute préoccupation spéculative, en augmenteront notablement
la valeur.

M. du Breuil a cité un département dans lequel,
par les soins de l'ingénieur en chef des ponts-et-
chaussées, un établissement de ce genre a été créé
en vue des plantations d'alignement. L'état actuel
de cette pépinière permettra bientôt de disposer
d'une grande quantité de sujets, s'appropriant parfaitement à leur destination. (1)

_____

(1) L'Etat possède actuellement dans le département de l'Aude
12 pépinières d'arbres forestiers dont la direction est confiée à
l'administration des forêts. Elles embrassent une contenance totale de 15 hectares 29 centiares. Les espèces y sont appropriées à
tous les climats, savoir : pour les montagnes inférieures, ou climat du midi, à *Baynoles* et à *Barbaira*; semis en feuillus,
chênes, ailantes, et résineux (pin d'Alep, etc.); pour les montagnes moyennes, correspondant au climat du centre de la France,
à *Arques*, semis ou résineux, (cèdres et pins d'Autriche), à *la
Loubatière* (châtaigniers), à *Bugarach*, (châtaigniers et chênes);

Mais il faut aussi reconnaître que l'Etat est souvent obligé de suivre l'exemple des particuliers, c'est-à-dire de recourir à l'industrie privée. Dans ce cas, on doit tendre par tous les moyens à se procurer des sujets suffisamment développés, sains et vigoureux, ayant acquis assez de force et de rusticité pour résister plus facilement aux épreuves et aux accidents auxquels ils sont exposés pendant les premiers temps de leur transplantation. Les principes qui vont être indiqués pour la création, l'exploitation et la tenue des pépinières, viendront d'ailleurs en aide à l'acheteur pour les choix à faire.

Les terrains les plus convenables aux pépinières sont ceux de fertilité moyenne, silicéo-argileux, ou argilo-calcaires, d'une profondeur de 0 m. 60 au moins. Dans les argiles compactes, la végétation est tardive et le développement des racines moindre, circonstance qui rend la reprise de l'arbre transplanté plus difficile, ou au moins plus laborieuse. Dans les sols légers, siliceux ou calcaires, les jeunes arbres exposés à la sécheresse restent languissants.

Il est à remarquer que les pépiniéristes ayant intérêt à faire développer rapidement les jeunes plants, choisissent de préférence les terrains les plus riches et leur viennent encore en aide au moyen d'engrais, qui, fournissant une nourriture plus abondante, activent considérablement la végétation. D'où la conséquence, que les arbres nouvellement transplantés sont doublement en souffrance par suite de cette

---

et pour les montagnes supérieures, à *Comefroide*, à *Fanges*, (2 pépinières), à *Boucheville*, (3 pépinières), et à *Aspre*. Ces dernières sont toutes consacrées aux résineux propres au climat du nord.

Notons ici que la contenance des forêts domaniales dans le département de l'Aude est de 11,000 hectares, futaies. Les bois communaux soumis au régime forestier embrassent une étendue de plus de 10,000 hectares exploités en partie en taillis.

opération et de la transition dans un terrain moins riche.

Nous verrons plus loin de quelle manière il convient de rétablir l'équilibre entre le sol de la pépinière et celui qui est destiné à recevoir les plants à demeure.

Les pépinières doivent être à l'abri des grands vents, et si leur emplacement ne le permettait pas, il faudrait établir du côté le plus exposé, un rideau d'arbres de haut jet, à feuilles persistantes. Les plus convenables sont : pour le climat du nord, les pins et les sapins; et pour le climat du midi, le cyprès pyramidal. Il est de plus essentiel de les mettre à l'abri des déprédations par des clôtures en murs, haies vives ou fossés.

La distribution du terrain doit varier en raison du mode de cultures qu'exigent les espèces qu'on veut multiplier. Il faut établir des emplacements séparés pour les arbres résineux et les arbres non résineux. Lorsqu'on devra pratiquer des semis, on réservera des plates-bandes séparées. Les espèces non résineuses seront, lorsqu'on les repiquera, divisées en deux groupes, dont l'un comprendra les arbres de haut jet, qui après le repiquage restent en place jusqu'à l'époque de leur plantation à demeure. L'autre servira au repiquage des jeunes plants qui doivent former les haies vives ou le boisement des pentes, après un ou deux ans de repiquage.

Pour les espèces résineuses, l'emplacement doit être divisé : 1° par plates-bandes de repiquage, dans lesquelles ces espèces n'occupent alors que le tiers de la surface nécessaire à la même quantité de pieds destinés à être transplantés en pépinière ; 2° en carrés qu'il sera convenable d'aménager de manière à pouvoir opérer les transplantations successives qui favorisent puissamment la réussite de ces espèces, lors de leur installation à demeure.

Les chemins seront établis en contre-bas du sol, s'il est humide, afin de favoriser l'écoulement des eaux pluviales, ils seront sur-élevés dans les sols exposés à la sécheresse. Avant de pratiquer l'opération du défoncement général, on commencera par extraire de la surface destinée aux chemins, et cela à la profondeur de 0 m. 30 c., la première couche de terre, qui est la meilleure ; on la réserve pour les carrés et elle est remplacée, en cas de besoin, par les couches inférieures provenant du défoncement.

Le sol doit être défoncé à 0 m. 60 ou 0 m. 65 de profondeur, en ayant soin de ramener les terres du fond à la surface. En faisant cette opération quelques mois à l'avance, surtout avant l'hiver et par un temps sec, les terres amenées à la surface ont le temps de s'aérer et de devenir plus propres à la végétation. Il suffit que l'emplacement destiné aux semis soit défoncé à 0 m. 35 de profondeur ; il en est de même pour les carrés destinés au repiquage des espèces qui ne doivent pas rester plus de deux ans en terre. Dans ce cas, le peu de profondeur du sol est favorable, en ce sens qu'il empêche les racines de s'enfoncer outre mesure, ce qui rend la transplantation plus facile.

Lorsqu'on vaudra pratiquer des ensemencements, la terre sera de nouveau bien ameublie et recouverte d'une couche d'excellent fumier, à moins qu'il ne s'agisse d'arbres à feuilles persistantes ou de certaines espèces à feuilles caduques auxquels un sol léger est nécessaire. Dans ce cas, on doit former des plates bandes spéciales avec une couche de 0m 15 de terre de bruyère. (1). Le repiquage de ces mêmes espèces se fera sur une couche de même nature, d'environ 0m 50 d'épaisseur.

L'air et l'eau étant indispensables à la germination des graines, leur ensemencement doit avoir lieu à

_____

(1) La terre de bruyère se décomposant rapidement, doit être souvent renouvelée. Dans aucun cas elle ne doit être fumée.

une profondeur proportionnée à leur grosseur. Dans un terrain moyen, cette profondeur varie entre deux millimètres, pour la graine de bouleau par exemple, et six centimètres, profondeur nécessaire aux semences du plus gros volume, telles que celles des chataigniers et des noyers. Lorsque les graines sont recouvertes, on tasse légèrement le sol avec le dos d'une pelle ou par tout autre moyen, afin de les mettre sur tous leurs points en contact avec la terre.

Indépendamment des indications qui précèdent, le succès des semis exige des soins minutieux, car la réussite des graines dépend de leur choix, de leur mode de récolte, de préparation et de conservation, de l'époque des semis, qui, suivant les espèces, doivent avoir lieu en automne ou au printemps, du mode d'ensemencement; il faut également savoir parer aux inconvénients résultant de l'action des gelées tardives, de la sécheresse du sol et de la présence des insectes nuisibles. Aussi, lorsque l'Etat ou les particuliers entreprennent la création de pépinières, y a-t-il avantage pour eux, au point de vue économique, à abandonner les semis et à se contenter de l'acquisition de jeunes plants pour les repiquer.

Le **repiquage** doit avoir lieu à l'âge de un ou deux ans. Dès que les jeunes plants ont atteint la hauteur de 5 ou 6 centimètres, ils sont propres à être repiqués. Pour les arbres forestiers et d'alignement cette opération se fait ordinairement à l'âge de deux ans. Le repiquage, en arrêtant l'allongement démesuré des racines, favorise leur ramification. Les soins à y apporter ont une très grande importance et une grande similitude avec ceux à donner aux jeunes arbres lors de leur plantation à demeure. Le repiquage embrasse trois opérations distinctes : *la déplantation*, *l'habillage* et *la plantation*.

La *déplantation* doit être faite de manière à endommager le moins possible les racines et surtout à conserver, aussi intact que faire se peut, leur chevelu, par l'extrémité duquel les sujets puisent dans la terre les sucs qui leur sont nécessaires. A cet effet, il convient de creuser à l'une des extrémités du carré sur lequel on opère, une tranchée dont la profondeur dépasse un peu l'extrémité inférieure des racines. On passe la bêche par-dessous le terrain, et, en la maniant en guise de levier, on soulève les jeunes plants sans les endommager. Les espèces résineuses et les espèces à bois dur étant d'une reprise plus difficile, on doit veiller encore avec plus de soins à la conservation de leurs racines, autour desquelles on s'efforcera de retenir la terre, et si le sol était trop sec ou trop friable, on l'arroserait préalablement. *L'arrachage doit être rigoureusement proscrit ;* on comprendra aisément combien ce mode de procéder est vicieux, puisque non-seulement il occasionne fatalement la déchirure des racines principales, mais encore la suppression, partielle au moins, du chevelu qui en est la partie essentielle.

L'habillage consiste : 1° à couper avec un instrument bien tranchant la partie endommagée de la racine, immédiatement au-dessus du point où la blessure a été faite. Cette précaution est indispensable pour favoriser la prompte cicatrisation de la plaie et empêcher qu'elle ne devienne chancreuse ; 2° à supprimer une partie du pivot de la racine que l'on ampute au tiers de sa longueur, c'est-à-dire vers le point où elle s'amincit sensiblement. Cette opération a pour but d'empêcher la racine principale de pénétrer trop profondément dans le sol, de forcer sa ramification et de faciliter ainsi, soit l'enlèvement, soit la reprise des arbres lors des transplantations. On devra aussi supprimer une portion de la tige, le tiers environ, afin de rétablir l'équilibre entre cette dernière et la quantité de racines que l'on a conservées. Il est toutefois nécessaire de soustraire à l'habillage de la tige les espèces à bois dur, telles que les chênes, le frêne, le hêtre, le châtaignier, le noyer et toutes les espèces résineuses. Ces dernières ne doivent pas non plus recevoir l'habillage des racines.

La plantation doit être préparée par un labour à la bêche ou à la houe de 0m. 25 de profondeur. La règle à suivre pour la distance à conserver entre chaque plant, est subordonnée aux conditions suivantes :

1° Lorsqu'il s'agit de sujets destinés à être plantés à demeure dans un âge bien avancé, la distance sera de 10, 15 et 20 centimètres : on doit ranger dans cette catégorie les plants destinés au boisement des talus et aux haies vives. La même règle s'applique aux résineux qui seront placés de 0m10 à 0m15 de distance, pour être transplantés en pépinière au bout de deux ans.

2° Les espèces de haut jet destinées aux plantations d'alignement, ne devant être plantées à demeure qu'après avoir acquis la force et la rusticité nécessaires pour résister aux accidents, gagneront à être transplantées en pépinière; dans ce cas la distance la plus convenable pour leur repiquage est de 0m20.

3° Les arbres de haut jet, qui après le repiquage sont destinés à rester en place jusqu'à l'époque de leur plantation à demeure, seront espacés selon que les espèces sont plus ou moins feuillues; la distance variera entre 0m40, applicable par exemple à l'accacia, et un mètre applicable notamment au platane. Cet espacement sera dépassé, lorsqu'il s'agira des grandes espèces feuillues; il sera proportionné à la grosseur et au développement qu'on voudra leur faire acquérir avant de les placer à demeure.

Il est d'ailleurs une règle générale qui doit servir de guide :

Les arbres dont le déplacement ne doit avoir lieu qu'à l'époque de leur plantation à demeure, sont disposés en quinconce dans leur carré. Ils y sont placés à des distances proportionnées à leur accroissement futur, assez loin les uns des autres, pour que l'air et la lumière puissent pénétrer dans la plantation, mais assez près pour qu'ils soient forcés de s'élever, au lieu de s'étendre latéralement plus qu'il ne convient. Toutefois, cet espacement doit être suffisant pour s'opposer à une croissance trop rapide en élévation et maintenir l'équilibre qui doit exister entre la hauteur et la grosseur de la tige.

Ajoutons que les espèces identiques doivent être placées dans le même carré.

Le mode le plus convenable de plantation pour le repiquage à une distance rapprochée, consiste à creuser au cordeau, au moyen de la bêche, une rigole d'une profondeur et d'une largeur proportionnelles à la longueur et au volume des racines. On y met un à un les jeunes plants, en les appuyant contre la terre d'un des côtés; on ouvre ensuite, parallèlement à la première, une seconde rigole, dont la terre est rejetée sur les racines du rang précédent; on continue ainsi sur toute la longueur du carré ou de la plate-bande. Il ne reste plus qu'à tasser le sol avec les pieds pour l'affermir autour des racines, puis à dresser convenablement la tige à mesure que la terre est comprimée.

Il n'y a pas avantage à ouvrir des tranchées continues pour le repiquage à des distances plus grandes. On se contente de faire avec la bêche des trous assez grands pour recevoir les racines à l'aise. L'arbre doit y être placé de manière à n'être pas plus enterré qu'il ne l'était précédemment, et, tandis qu'un ouvrier rejette la terre sur les racines, un autre donne à la tige un mouvement de va et vient, de haut en bas, pour faire pénétrer la terre dans les interstices des racines. Lorsque le trou est en partie comblé, on tasse la terre, en appuyant d'autant plus, que le sol est plus léger.

La **transplantation** en pépinière est indispensable aux espèces résineuses, dont on n'augmente le nombre des racines qu'en les transplantant souvent. Elles auraient en quelque sorte besoin, après le repiquage, d'être déplacées tous les deux ans, jusqu'à l'époque de leur plantation à demeure. Quant aux arbres de haut jet destinés aux plantations d'alignement, qui ne doivent être placés à demeure qu'à un âge un peu avancé, la transplantation est très-avantageuse, en ce sens que non-seulement elle favorise le développement de la tige, mais qu'elle force les racines à se ramifier davantage, à produire plus de chevelu et à favoriser ainsi la reprise des arbres.

La transplantation se fait d'après les règles indiquées pour le repiquage. L'*habillage* des racines est le même, mais on ne doit faire subir aucune suppression au rameau terminal formant la tige ; on se borne à raccourcir un nombre de ramifications en rapport avec le retranchement opéré sur les racines.

En déplantant les arbres résineux, on aura soin de conserver la motte de terre autour de leurs racines. A aucune époque ils ne doivent être soumis à l'*habillage*, car les bourgeons ne se développent qu'à l'extrémité des rameaux ; les suppressions ne sont jamais réparées.

Les époques auxquelles il convient de pratiquer les opérations qui viennent d'être décrites, sont déterminées par la condition de température et la nature des espèces. Le temps doux, humide, mais non pluvieux, est le plus favorable à la déplantation; elle ne doit jamais avoir lieu sous l'action des vents froids et desséchants, car le chevelu des racines serait bientôt désorganisé ; à plus forte raison, on ne doit pas déplanter lorsque la température est au-dessous de zéro; les racines sont en effet bien plus sensibles au froid que les tiges, et pour la plupart des espèces, il suffit d'une température de 2°

au-dessous de zéro pour les détériorer complètement. On doit de plus attendre que la couche inférieure du sol soit parfaitement dégélée, car les racines engagées dans la terre gelée ne peuvent se détacher sans se briser, au grand détriment de l'arbre.

Il y a toujours avantage à transplanter les jeunes arbres de suite après leur enlèvement ; mais lorsqu'ils seront destinés à voyager, il faudra les réunir par petits paquets et tremper immédiatement les racines dans un mélange liquide de bouse de vache et de terre glaise. On peut encore les envelopper de mousse humide, recouverte de paille solidement fixée.

L'époque à choisir pour pratiquer le repiquage et les transplantations, varie selon qu'il s'agit d'espèces à *feuilles caduques* ou d'espèces à *feuilles persistantes*. Pour les premières, il faut toujours exécuter cette opération à l'automne, aussitôt que les feuilles commencent à tomber. En opérant ainsi, les jeunes plants développent quelques racines pendant l'hiver ; ils prennent possession du sol et se défendent beaucoup mieux des premières sécheresses du printemps, que s'ils étaient plantés à cette époque. Il y a toutefois une exception à cette règle ; c'est pour les terrains compactes et humides, dans lesquels les racines seraient exposées à pourrir pendant l'hiver. Il sera alors préférable de ne faire le repiquage qu'en mars, lorsque le sol sera bien égoutté et qu'il commencera à se réchauffer.

Pour les espèces à *feuilles persistantes*, *résineuses ou non*, il convient de choisir une autre époque. En effet, ces arbres qui conservent leurs feuilles pendant l'hiver, sont doués d'une végétation continue, beaucoup moins sensible, il est vrai, pendant cette saison, végétation destinée alors à porter dans les feuilles les fluides dont elles ont besoin pour ne pas être desséchées par l'évaporation. Si l'on transplante ces espèces à la fin de l'automne ou de l'hiver, au

moment où la circulation des fluides est le moins active, il en résulte une suppression complète dans
cette circulation, puis la dessication des feuilles, et
par suite la mort de l'arbre. Il faut donc choisir une
saison telle que la végétation soit assez active pour
résister en partie à cette transplantation. L'expérience a démontré que les deux époques les plus
convenables pour cela, sont les derniers jours d'août
et les premiers jours de mai. Dans le premier cas,
les arbres auront le temps de reprendre avant l'hiver ; dans le second, la végétation est si active à ce
moment, que son interruption ne sera pas assez longue pour que les arbres en souffrent. La fin de l'été
sera préférée pour le climat du midi, à cause des
chaleurs intenses du printemps. Quelle que soit
l'époque choisie, il faudra profiter d'un temps doux
et choisir le moment auquel la terre est bien friable.

Boutures. — La multiplication des espèces a
lieu principalement au moyen des semis ; c'est le
mode le plus naturel, et les arbres provenant de semences sont de plus belle venue. Cependant pour
quelques espèces à bois mou, dont les rameaux s'en-
racinent facilement, telles que le platane, le tilleul,
on use généralement de la multiplication par *boutures* qu'il y a avantage à mettre en pratique dans les
pépinières où les semis ne sont pas conseillés. Il convient d'ajouter que la reproduction des différentes
espèces de peupliers n'a lieu qu'au moyen de boutures.

Il y a plusieurs sortes de boutures ; les plus usitées
et d'un succès facile, sont : *la bouture par rameaux*
et *la bouture à talon*.

Pour *la bouture par rameaux*, on choisit depuis
le mois de novembre jusqu'à la fin de janvier, et
lorsqu'il ne gèle pas, des rameaux vigoureux développés pendant l'été précédent ; on les coupe à la
longueur d'environ 0ᵐ 20, en ayant soin de laisser

un bouton à chaque extrémité. A l'aide du plantoir, on les plante en lignes plus ou moins distantes, selon la vigueur des espèces, de manière à ne laisser sortir que deux ou trois boutons hors du sol. On comprime fortement la terre au moyen d'un second coup oblique du plantoir avec lequel on la ramène vivement contre la base de la tige. En se servant de cet instrument, on évite plus sûrement la lésion de l'écorce et des boutons enfoncés dans le sol.

La bouture à talon est préférable à la précédente; elle s'enracine beaucoup plus facilement. Ce mode de multiplication donne d'excellents résultats pour le platane. Voici la manière de procéder : du mois de novembre à la fin de janvier, on coupe sur les arbres qui doivent fournir les boutures, les branches portant des rameaux vigoureux développés pendant l'été précédent. On détache ces rameaux de manière à enlever une petite portion du corps ligneux de la branche sur lequel il est né; on peut le couper au moyen d'un instrument tranchant, mais il vaut encore mieux l'arracher avec effort; on coupe ensuite la partie déchirée en laissant le bourrelet ou *talon*. Le sommet de chaque rameau doit être garni d'un bouton. Ces boutures auxquelles on donne une longueur de 0m 30 à 0m 40, sont réunies par paquets de 15 centimètres de diamètre et on les enterre immédiatement, la tête en bas, les talons au niveau du sol, et cela dans un terrain exempt d'humidité surabondante; elles sont recouvertes à la base d'un monticule de terre de 0m 25 d'épaisseur. On les laisse dans cet état jusqu'au commencement de mars; chaque rameau offre alors à sa base un bourrelet assez volumineux, qui hâte le développement des premières racines. On plante à cette époque de la manière indiquée pour la bouture par rameaux, en observant la distance qui leur est nécessaire pour se développer convenablement jusqu'au moment de la plantation à demeure.

On peut confier ces boutures au sol dès la fin de l'automne, c'est-à-dire, immédiatement après les avoir détachées de leur pied-mère. Cette époque est choisie de préférence, lorsque le terrain est exposé à la sécheresse. C'est la plus convenable dans le midi de la France.

Entretien des pépinières. — Les pépinières, pour être convenablement entretenues, doivent recevoir des labours et être prémunies contre la sécheresse du sol. De plus, les jeunes plants seront l'objet pendant leur développement, de certains soins destinés à imprimer à leur tige une direction convenable.

Les *labours*, destinés à détruire les plantes nuisibles, maintiennent aussi le sol dans un état de division convenable et le rendent plus perméable. Ils doivent être pratiqués à une profondeur de 15 à 20 centimètres. Pour éviter d'endommager les racines, on se servira des instruments à dents, tels que la houe fourchue, la fourche à dents plates. La bêche et tous les instruments à lame seront exclus pour ce genre de travail. Il est nécessaire de donner un labour aux terres un peu compactes, dès le commencement de l'hiver. Dans les sols légers, il peut être retardé jusqu'au printemps.

Les moyens à employer pour se prémunir contre la sécheresse du sol, sont les *binages,* les *couvertures* et les *arrosements.*

Le *binage* doit avoir lieu à la profondeur de cinq centimètres environ, dès que le sol commence à se dessécher et à se fendiller. L'influence des binages contre la dessication du sol s'explique ainsi : la chaleur du soleil dessèche la terre d'autant plus profondément que celle-ci est plus affermie, parce que les particules qui la composent étant en contact immédiat les unes avec les autres, celles de la surface, desséchées par les rayons du soleil, réparent l'humidité qu'elles perdent, aux dépens de celles placées immédiatement au-dessous d'elles. Celles-ci produisent le même effet sur les particules inférieures, et c'est ainsi, que de proche en proche, la sécheresse parvient à de grandes profondeurs.

A l'aide du binage, on ameublit la superficie du sol ; cette couche supérieure ainsi pulvérisée perd, il est vrai, rapidement son humidité, mais, n'étant plus adhérente à la partie inférieure, elle ne répare plus aux dépens de celle-ci la perte qu'elle a éprouvée, et, s'interposant entre l'action du soleil et la couche inférieure, elle devient un obstacle au desséchement de cette dernière. Pour maintenir cet état de choses, il faut donner un nouveau binage après chaque ondée de pluie, car celle-ci en mouillant la surface, lui fait contracter une nouvelle adhérence avec la couche inférieure et détruit les effets du premier binage. Cette opération maintient les terres argileuses dans un état convenable d'ameublissement.

Couvertures. — Les terres légères, siliceuses ou calcaires étant très-perméables et toujours exposées à l'évaporation, il convient de remplacer les binages par les couvertures. Celles-ci pourront se composer de pailles en décomposition, de feuilles sèches, de jeunes tiges de genêts, de bruyère, de fougère, etc. On forme à la surface du sol une couche continue, épaisse d'environ 8 centimètres. Ces couvertures offrent le triple avantage d'empêcher les effets de l'évaporation sur le sol, de s'opposer à la croissance des plantes nuisibles et de servir d'engrais lors de l'enlèvement des plants. N'étant pas adhérentes à la surface du sol, leur action sera la même que celle des binages.

Pendant l'hiver, il sera bon de réunir ces couvertures en une ligne, entre les rangs d'arbres, afin d'empêcher les mulots et les souris de s'y réfugier et de ronger les pieds des arbres, et aussi, pour exposer à l'action des gelées les insectes nuisibles qui s'y abritent.

Arrosements. — Les binages et les couvertures, suffisants pour s'opposer à la sécheresse des pépinières dans le nord et dans le centre de la France, ne le sont pas dans le midi, surtout pour les carrés des boutures et des repiquages. Il faut nécessairement avoir recours aux arrosements appliqués sous forme d'irrigations. Aussi, ne devra-t-on établir les pépinières que là où cette opération pourra être pratiquée. La fréquence et l'abondance des arrosements dépend du degré de perméabilité du sol et de l'intensité de la chaleur ; pratiqués toutes les semaines, ils seront généralement suffisants, même pendant les grandes sécheresses. Trop souvent répétés, les plants se développeraient outre mesure et leurs racines seraient dépourvues de chevelu, circonstance dont les inconvénients ont déjà été signalés. On doit arroser de préférence après le coucher du soleil. En joignant les couvertures à cette opération, l'évaporation sera moins rapide, les arrosements seront plus profitables et pourront être moins fréquents.

Soins à donner aux jeunes arbres en pépinière. — Les soins à donner aux boutures et aux plants destinés à former des arbres de haut jet, ont pour but d'imprimer à leur tige une direction convenable. Ces soins s'appliquent : 1° à *la formation de cette tige sur les boutures ;* 2° *au recépage des jeunes plants ;* 3° *à la taille dans les pépinières.*

1° Formation de la tige sur les boutures. — Pendant le premier été qui suit leur plantation, les boutures développent deux ou trois bourgeons. Au commencement de mars suivant, on choisit le plus vigoureux, et autant que possible, le plus rapproché du sol ; on le place dans une position verticale, en l'attachant au moyen d'un osier contre le prolongement de la bouture, puis on supprime la moitié de la longueur des deux autres rameaux. Cette opération fait acquérir une grande vigueur à la branche choisie pour former la tige de l'arbre. Après une année de végétation, on coupe le sommet de la bouture près de la naissance de cette tige qui peut désormais se passer de tuteur.

2° Recépage des jeunes plants. — Le *recépage* est la suppression de la tige des jeunes plants, à quelques centimètres seulement au-dessus du sol. Cette opération est presque toujours nécessaire pour produire une tige droite et vigoureuse. On la pratique ainsi : après deux années de végétation, vers la fin de février, on coupe la tige des jeunes arbres répiqués, à dix centimètres environ au-dessus du sol. Ce tronçon se recouvre bientôt de bourgeons vigoureux ; dès qu'ils ont atteint une hauteur d'environ 20 centimètres, on choisit le plus fort, autant que possible le plus rapproché du sol et attaché du côté opposé à la coupe que l'on doit avoir soin de tenir dirigée vers le nord pour en faciliter la cicatrisation. On le dresse verticalement, en le fixant à l'aide d'un jonc contre le sommet du tronçon de tige. Les autres bourgeons sont entièrement coupés ; celui qui a été conservé se développe alors avec vigueur, et au mois de février suivant, on coupe le tronçon recépé, près de la naissance de la nouvelle tige. Les espèces à bois dur (chênes, hêtre, noyers, frêne, etc.), et les espèces résineuses ne doivent jamais être recépées.

Taille. — La taille des jeunes arbres consiste uniquement dans les soins ayant pour but d'empêcher le trop grand développement des branches latérales, dont quelques-unes, plus favorisées par la lumière ou leur position, tendraient à disputer à la tige la prééminence qu'elle doit toujours conserver. A cet effet, on devra chaque année, jusqu'à l'époque de la plantation, visiter ces arbres, au mois de juin dans le midi, et juillet dans les autres régions, et pincer l'extrémité herbacée des bourgeons latéraux les plus vigoureux, qui naissent dans le voisinage du bourgeon terminal. Cette mutilation suffira pour arrêter leur vigueur. Sans cette précaution, les bourgeons seraient transformés en rameaux, puis en branches qui affameraient le sommet de l'arbre.

Dans le cas où l'on aurait négligé de s'opposer à ce développement, il faudrait y rémédier en tordant les branches vers les deux tiers de leur longueur, et cela un peu avant la sève d'août. On les supprime totalement pendant l'hiver suivant.

Il est important de conserver tous les rameaux latéraux, à mesure qu'ils se développent ; cette suppression fait bien croître rapidement la tige en hauteur, mais l'arbre privé du plus grand nombre de ses feuilles ne se développe plus que très faiblement en diamètre. Il y a en effet dans la végétation des arbres deux phénomènes distincts, résultant de la *sève ascendante* et *de la sève descendante:* la première partant des racines pour arriver jusqu'aux boutons terminaux et allonger ainsi la tige et les rameaux ; la seconde, partant des feuilles et développant les filets ligneux et corticaux descendants, ou en d'autres termes, procurant l'accroissement en diamètre de la partie ligneuse inférieure.

Si donc, par suite de la suppression des feuilles, le tronc de l'arbre est privé de l'action de la sève descendante, il est aisé de comprendre que le développement du sujet portera presque uniquement sur sa longueur, et, ne pouvant se soutenir contre l'action des vents, on sera obligé d'en retrancher une portion, lors de la plantation à demeure. On doit donc laisser les jeunes arbres continuellement garnis , du haut en bas, de ramifications peu vigoureuses , et se borner à supprimer celles qui tendent à prendre un accroissement disproportionné.

Ce n'est qu'au moment où ces arbres sont plantés à demeure , qu'on supprime les branches latérales , depuis la base jusqu'à la moitié de la hauteur totale de la tige. Cette suppression est pratiquée un an avant leur transplantation.

Alternance dans les pépinières. — Comme tous les terrains cultivés, les pépinières sont soumises à la loi de l'alternance, qui consiste à s'abstenir d'élever sans interruption les mêmes espèces dans le même sol , alors même que l'on aurait remplacé les principes fertilisants absorbés au moment de la dernière levée.

Les jeunes arbres ne sont pas tous également *épuisants* , et cela , par la raison que pourvus de deux appareils nourriciers , les racines , qui puisent les matières nutritives dans la terre , et les feuilles qui remplissent les mêmes fonctions dans l'atmosphère , c'est tantôt l'obsortion des racines qui domine , et tantôt celle des feuilles. C'est ainsi que le chêne, le frène, paraissent être au nombre des espèces les plus épuisantes, tandis que l'orme, l'accacia, le sont beaucoup moins. On devra donc, plutôt que d'obtenir des produits sans valeur , remplacer les plants enlevés par les espèces qui s'éloignent le plus possible des précédentes. Si le nombre restreint de celles cultivées dans la pépinière forçait à faire reparaître trop souvent le même plan sur le même sol , il serait plus avantageux de cesser alternativement et périodiquement la culture des plants dans les portions devenues vacantes, et de les consacrer pendant un an ou deux aux gros légumes. Ce moyen est excellent pour rendre la fertilité à un terrain fatigué par la présence prolongée des mêmes arbres.

PLANTATIONS D'ALIGNEMENT.

Routes, avenues, plantations urbaines, etc.

En traitant ici des plantations d'alignement, le cadre s'élargit : les principes qui vont être développés sont communs aux plantations le long des routes, canaux, chemins de hallage, aux plantations urbaines, à celles en bordure et avenues, et enfin, aux plantations en futaies ou massifs.

L'arbre forestier dont la principale destination est le produit, remplit ici deux rôles importants : *l'ornement, la production du bois.*

En suivant pas à pas M. du Breuil dans les intéressantes leçons qu'il a données sur l'arboriculture, nous aurons à nous occuper des plantations qu'il a désignées sous le nom de *plantations d'ornement*, terme générique, qui au point de vue où s'est placé le professeur, s'applique uniquement à la décoration intérieure des parcs et jardins, à l'arbre destiné à former ces berceaux de verdure impénétrables aux rayons du soleil, vrais types civilisés des frais ombrages qui font le charme principal de cette villégiature si vantée, mais du nom de laquelle tant de citadins abusent.

Et cependant, si nous comparons cette coquetterie de verdure à ces arbres majestueux dont les têtes semblent porter un défi aux ouragans, ne sommes-nous pas forcés de reconnaître la supériorité de ces derniers comme beauté d'ornement ?

Le chapitre que nous abordons résume la quintes·cence de l'éducation de l'arbre de haut jet, c'est-à-dire qu'en suivant les préceptes indiqués, on poussera le développement du sujet jusqu'à sa dernière limite, en lui faisant acquérir toutes les qualités qui le rendent précieux, comme ornement d'abord, comme bois de construction ou de service lorsqu'il sera arrivé à maturité.

3

Nous ne reviendrons pas sur ce qui a été dit de l'appropriation des diverses espèces à la nature du climat et au sol. En donnant la nomenclature des principaux arbres de haut jet propres à la France, nous avons indiqué les mélanges terreux pris comme types. Mais il y a des sols intermédiaires qui relient ces types entre eux. Lorsqu'on voudra planter dans ces terrains, on choisira les espèces qui se prêteront le mieux à la composition élémentaire du sol et à son degré habituel d'humidité. Les indications données serviront de guide pour opérer ce rapprochement.

Enfin, en vue du produit des arbres, on s'attachera à choisir les espèces dont les bois sont de bonne qualité.

La préparation du terrain destiné à recevoir les plants à demeure est une opération très importante. La déplantation, quelles que soient les précautions dont on l'entoure, les prive toujours d'une certaine quantité de leurs racines; presque toujours aussi le sol de la pépinière est de meilleure qualité que celui dans lequel on plante définitivement. Il y a donc une acclimatation nouvelle à préparer, un équilibre à rétablir.

Deux modes de préparation se présentent : le premier consiste dans l'ouverture de trous plus ou moins grands, à chacun des points destinés à recevoir un arbre; le second s'exécute au moyen de tranchées continues, ouvertes à la place de chacune des lignes d'arbres. Dans l'un et l'autre cas, il est essentiel de pulvériser et diviser la terre destinée à entourer les racines, de manière à ce qu'elles puissent se développer plus facilement, et ensuite à placer ces racines en contact immédiat avec une terre plus fertile que le sol dans lequel on plante.

Trous. — Ils peuvent être circulaires ou carrés. La forme circulaire est préférable, parce que l'arbre étant placé au centre, ses racines trouvent un espace égal de tous côtés.

Les racines ayant constamment besoin de l'influence de l'air, tendent à se développer plutôt horizontalement que verticalement ; les trous doivent donc être plus larges que profonds, et cette largeur varie selon le plus ou moins de fertilité du sol. Plus il y a de différence entre la fertilité de la pépinière et celle du terrain de plantation, plus on doit retarder le moment auquel les racines seront forcées de s'engager dans un sol non remué. On peut au contraire diminuer l'étendue des trous lorsque le terrain à planter se rapproche par sa fertilité de celui de la pépinière. Les deux limites extrêmes sont : pour les sols les plus médiocres, au moins 2 mètres de diamétre et pour les plus fertiles un mètre. Les largeurs intermédiaires sont réglées par le plus ou moins de rapprochement de ces deux points extrêmes. Il n'y a d'ailleurs qu'avantage à étendre ces limites, tandis qu'on ne les restreint pas impunément, à moins que le sol ne se trouve uniformément défoncé sur toute son étendue.

La profondeur des trous varie en raison de la plus ou moins grande dose d'humidité que retient le sol. Plus il est exposé à la sécheresse, plus les arbres ont besoin d'enfoncer leurs racines, pour que celles-ci trouvent l'humidité qui leur est nécessaire. Dans les terrains humides, au contraire, elles ont une tendance à se rapprocher de la surface, pour éviter l'humidité surabondante qui les empêche de recevoir l'influence de l'air.

Dans les terrains les plus secs, les trous doivent être creusés à une profondeur de 80 centimètres à un mètre, et dans les sols les plus humides, ils ne dépasseront pas 50 centimètres.

Il est très-important que la terre placée au-dessous de la surface du sol soit pénétrée de l'action fertilisante de l'air qui la rend plus propre à la végétation ; il y a donc tout avantage à ouvrir les trous quelques mois à l'avance, et l'on doit ranger parmi les pratiques vicieuses, celle qui consiste à ne les creuser qu'au moment de la plantation.

Lorsque le point que doit occuper chaque arbre est déterminé, on prend un bout de cordeau présentant une longueur égale au rayon de la circonférence du trou à ouvrir. On fixe à chaque extrémité une cheville pointue; l'une d'elles est enfoncée au point qui doit être occupé par la tige, et, le cordeau tendu, on trace la circonférence avec l'autre cheville. On pratique ensuite l'excavation de la manière suivante : la terre de la surface étant de meilleure qualité que celle des couches inférieures, et ce dernières étant d'autant moins propres à la végétation qu'elles sont plus avant dans le sol, on enlève d'abord une première couche jusqu'à 10 centimètres de profondeur; cette terre est mise à part sur le bord du trou. On extrait ensuite une seconde couche de 0m 20 d'épaisseur, mise également à part en un second tas; un troisième tas est formé de la troisième couche dans laquelle on creuse jusqu'à la profondeur que le trou doit acquérir, et la terre du fond est remuée afin d'être mieux pénétrée de l'influence de l'air atmosphérique.

Si l'on a opéré dans un sol léger, exposé à la sécheresse, on se procure des terres silico-argileuses; si au contraire le sol est exposé à une humidité surabondante, on prend des mortiers, des plâtras concassés, des sables graveleux ou enfin de la marne délitée; de plus, pour toutes les natures de sol on se procure des vases de mares, d'étangs ou de fossés exposées à l'air depuis plus d'une année, ou bien des gazons recueillis à l'avance et décomposés; ces matières sont destinées à améliorer la terre avec les débris organiques qu'elles renferment. Au bord de chaque trou, on dépose un mètre cube de chacune de ces substances en deux tas séparés, et les choses restent en cet état jusqu'au moment de la plantation.

L'argile forcera le terrain à retenir plus d'humidité, les plâtres et mortiers diminueront au contraire la compacité du sol et faciliteront l'écoulement des eaux surabondantes. Il est bien entendu que dans les sols d'humidité et de fertilité moyenne cet amendement ne doit pas être pratiqué.

Tranchées. — Les tranchées étant continues, il est évident que le développement des racines y est plus à l'aise, puisque la terre est ameublie dans toute la longueur de la ligne à planter. Mais ce mode de préparation est beaucoup plus coûteux ; aussi la pratique n'en est-elle conseillée que dans le cas où les arbres sont placés à une distance de 4 mètres au plus les uns des autres, ou bien si le sol est de très-mauvaise qualité.

L'administration des ponts-et-chaussées doit s'abstenir de ce système pour éviter un surcroît de dépense inutile. En effet, la distance la plus convenable à observer entre les arbres plantés le long des routes est celle de 10 mètres, quelles que soient les espèces et la nature du sol. Cet espacement laissant les racines à l'aise, permet de varier les espèces et a l'avantage de constituer une fraction décimale de la mesure kilométrique. Dans les plantations le long des canaux, on observera la règle générale qui sera indiquée pour les distances.

Les tranchées doivent être ouvertes d'après les principes décrits pour les trous, c'est-à-dire en ayant soin de mettre à part les différentes couches de terre et de disposer les substances destinées à l'amendement et à l'amélioration du sol, de manière à les avoir sous la main lorsque les arbres devront être placés à demeure.

Forme et distance des plantations. — Les plantations d'alignement en bordures ou avenues sont disposées sur une ou plusieurs lignes. Les plantations en futaies ou massifs sont disposées en *carrés* ou en *quinconce*. Il est important en examinant ces diverses dispositions, de tracer les règles qui doivent régir les distances à observer entre chaque pied d'arbre.

Les espacements trop rapprochés compromettent toujours plus ou moins le succès des plantations. En plantant très-serré, on obtient bien, il est vrai, des avenues ou des massifs plus tôt garnis de branches et de verdure ; mais les arbres se joignant par leurs rameaux et leurs racines longtemps avant d'être arrivés au maximum de leur développement, se gènent les uns les autres, se disputent l'air et la lumière, restent rabougris ; les plus vigoureux étouffent les plus faibles et créent dans la plantation des vides nombreux. C'est d'ailleurs une erreur de penser que plus on plantera dru et plus le produit du bois sera considérable. Pour certaines espèces, on obtiendra bien la même quantité en volume ; mais ce bois sera de très-petit échantillon, parce que les arbres se nuisant réciproquement, ne peuvent acquérir tout leur développement.

Une pratique vicieuse, dont le but est d'échapper aux inconvénients résultant des plantations trop serrées, consiste à planter dans la même ligne deux espèces d'arbres différentes, s'accommodant du même terrain et se développant beaucoup plus rapidement l'une que l'autre. Tous les essais tentés sous ce rapport ont échoué ; on n'obtient par ce mode de plantation que des arbres chétifs, car l'espèce la plus vigoureuse s'emparant promptement, aux dépens de celle qui l'est le moins, du sol et de la lumière, on est obligé, si l'on ne veut pas voir étouffer l'espèce à végétation lente, de mutiler la tige des arbres hâtifs et vigoureux, afin d'arrêter leur végétation, ce qui n'empêche pas d'ailleurs leurs racines de nuire au développement de celles de la première.

Toutefois, si l'on tenait à ce qu'une avenue donnât rapidement de l'ombrage, le seul moyen praticable serait de planter les arbres à bois dur à une distance moitié plus grande que celle qui leur convient

et d'intercaler les espèces à bois mou dont la croissance est beaucoup plus rapide et qui sont exploita-
bles vers l'âge de 40 à 50 ans. Jusqu'à cette époque,
les individus à bois dur ont le temps d'acquérir un
grand accroissement, et, restés seuls, ils dessinent
encore parfaitement l'avenue, tout en fournissant
un ombrage assez abondant.

La distance à réserver entre les individus est déterminée par la nature du sol, les espèces d'arbres et
le nombre de lignes placées les unes près des autres.

Selon que le sol est plus ou moins fertile, les racines prennent plus ou moins de développement et
les distances doivent être plus ou moins rapprochées.

La règle à suivre pour occuper utilement le terrain, est de planter dans les sols de qualité moyenne
à une distance d'un quart plus rapprochée que celle
à réserver dans ceux de très-bonne qualité, et de
moitié dans les terrains les plus médiocres.

Ainsi, en admettant que l'espèce exige une distance de 8 mètres dans un sol de très-bonne qualité,
cette distance sera réduite à 6 mètres dans un
sol médiocre et à 4 mètres dans celui de qualité inférieure.

Les arbres plantés sur plusieurs lignes doivent être
plus distants les uns des autres, que s'ils l'étaient
sur une seule. On augmente cette distance d'un quart,
lorsqu'on plante sur deux lignes, de moitié, sur trois
lignes et des deux tiers, sur quatre lignes et plus.

Ainsi, en supposant que la nature du sol et de
l'espèce nécessitent un espacement de 8 mètres sur
une seule ligne, il devra être de 10 mètres sur deux
lignes, de 12 mètres sur trois et de 13 m. 32 sur
quatre lignes et plus.

En prenant pour étalon une seule ligne établie
dans un sol de bonne qualité, voici pour quelques
espèces la distance à observer :

Chênes, ormes, châtaigniers, hêtres et platanes. . . . . 8 mèt.

Tilleuls, vernis du Japon, sapins. . . 7 mèt.
Peupliers blanc, argenté, du Canada. . 6
Erable sycomore, érable plane, frène,
mélèze, pins maritime, pignon, de Wey-
mouth et d'Alep. 6
Pin silvestre, robinier faux acacia, mico-
coulier, charme, aune. 5
Peuplier d'Italie. 4
Cyprès pyramidal. 2

La plantation sur plusieurs lignes peut être
faite en *carré* ou en *quinconce*. Quelle que soit la
disposition adoptée, les lignes sont toujours paral-
lèles et la distance à réserver entre elles est déterminée par les indications données plus haut.

Dans la *plantation carrée*, les arbres ne sont pas
en tous sens à égale distance les uns des autres ;
ainsi, pour quatre pieds formant un carré parfait,
elle est plus grande dans le sens de la diagonale que
sur chaque côté du carré, d'où la conséquence, que le
terrain n'est pas complètement utilisé et que l'ombrage ne se répartit pas uniformément sur la surface
du sol. Cependant, cette disposition est préférable
pour les plantations urbaines et les avenues destinées à l'ornement, car alors on ne dépasse jamais
le nombre de deux lignes, et ces allées ou avenues
étant souvent bordées de maisons, il est bon que la
vue puisse se prolonger perpendiculairement dans
les intervalles, sans rencontrer d'obstacles.

Mais pour les bordures et massifs, la *plantation
en quinconce* est préférable. Dans ce système, chaque
arbre occupe l'angle d'un triangle équilatéral et chaque triangle forme la moitié d'un losange, dont les
lignes étant prolongées parallèlement sur toute l'é-
tendue du terrain à occuper, marquent la place d'un
arbre à chaque point d'intersection. Les distances
sont égales en tous sens ; chaque arbre de l'intérieur
du massif est entouré de six autres arbres, dont les
têtes s'arrondissant, couvrent d'une manière uniforme

toute la surface de la plantation dans laquelle aucune portion du sol n'est perdue pour la végétation. Les lignes se développant parallèlement dans tous les sens, laissent un libre accès aux courants d'air, et, permettant aux rayons du soleil d'exercer leur influence, les produits se rapprochent bien plus pour la qualité et la quantité, de ceux qui croissent isolés.

Le tracé d'un quinconce doit être fait avec soin par un homme de l'art, pour éviter, soit de détruire l'harmonie des lignes, soit les inconvénients qui résulteraient de l'inobservation des distances régies par les règles tracées pour les plantations sur quatre lignes et plus.

Choix des arbres. — Le choix des sujets exige un examen minutieux eu égard à son influence sur la réussite des plantations. Les jeunes arbres défectueux, auxquels ont manqué des soins intelligents, doivent être rejetés malgré leurs bas prix qui ne sauraient compenser les pertes causées par leur défectuosité.

On doit surtout s'attacher à examiner : 1º si ces arbres ont été repiqués et transplantés en pépinière, ce qui sera facile à reconnaître à leurs racines qui seront longues, peu nombreuses et peu ramifiées, dans le cas où cette opération n'aurait pas été pratiquée ; 2º s'ils y ont été placés à des distances convenables ; 5º s'ils ont été recépés, si leur tige a été convenablement formée et leurs branches latérales conservées ; 4º s'il existe une juste proportion entre la hauteur et la grosseur de la tige.

Les règles qui ont été déjà développées guideront l'acheteur dans cet examen.

On ne saurait trop conseiller de faire les achats sur place, toutes les fois qu'il y aura possibilité d'en agir ainsi ; au lieu de choisir les arbres çà et là, on devra de préférence acheter tous les plants contenus dans un carré ou portion de carré ; ce système permet de faire la déplantation sans endommager les racines, alors que l'enlèvement isolé contraindrait en quelque sorte à l'*arrachage* de l'arbre pour le séparer de ses voisins. On opère comme il a été prescrit pour le repiquage, c'est-à-dire en creusant une tranchée à une extrémité du carré, introduisant la bêche par dessous les racines et soulevant ainsi les jeunes plants.

Certainement, il y aura parmi les arbres ainsi déplantés des sujets n'ayant pas encore acquis tout le développement convenable pour être plantés à demeure; mais on doit les réserver, soit pour des remplacements, soit pour d'autres plantations, et dans ce but, les transplanter dans un terrain transformé en pépinière, pour leur donner les soins nécessaires jusqu'à ce qu'ils aient acquis assez de force pour être plantés définitivement.

Dimensions des arbres à transplanter. — En général, les arbres peuvent être transplantés après avoir acquis un grand développement. Il suffit de pouvoir les déplanter avec presque toutes leurs racines et de faire des trous assez grands pour les recevoir à l'aise. Mais dans ce cas on est obligé d'user de moyens entraînant une dépense considérable, et, quoiqu'on fasse, quels que soient les soins minutieux dont on les entoure, les arbres pris dans un âge avancé ne présentent jamais la longue durée et le développement de ceux qui ont été plantés plus jeunes; ils résistent d'ailleurs moins bien aux grands vents. Aussi ce système ne doit-il être mis en pratique que pour les plantations d'ornement dont on veut jouir immédiatement.

Dans les plantations en général, il suffit que les arbres soient assez développés pour se défendre contre l'ardeur du soleil, à laquelle la pépinière ne les a pas suffisamment habitués, et qu'ils puissent surmonter facilement le passage d'un terrain ordinairement plus fertile dans un terrain de qualité moindre.

Au lieu de se régler sur l'âge du sujet, on doit se

baser principalement sur ses dimensions. Elles varient en raison du genre de plantation et en raison des espèces. Dans les plantations soit en ligne isolée, soit en avenue ou bordure, à terrain plat, les arbres doivent avoir acquis plus de force que s'ils sont destinés aux futaies ou massifs dans lesquels ils se défendent réciproquement.

Les espèces à bois mou peuvent être transplantées dans un âge plus avancé que celles à bois dur, généralement pourvues de longues racines, à peine ramifiées. Les dimensions les plus convenables pour les premières (peupliers, platanes, tilleuls, châtaigniers, micocoulier, etc.), sont de 14 à 16 centimètres de circonférence, mesurée à un mètre du collet de la racine (1). Leurs tiges peuvent atteindre la hauteur de 4 à 5 mètres.

Les bois durs, tels que les chênes, les hêtres, doivent être choisis d'une hauteur ne dépassant pas 2 mètres, et d'une circonférence de 0m 06, à 0m 10 au plus.

La hauteur la plus convenable pour les différentes espèces de pins, ainsi que pour le sapin ordinaire, est de 1 mètre ; pour l'épicéa, le mélèze, le cyprès, elle est de 1m 50.

L'époque des plantations est fixée d'après les règles qui ont été établies pour le repiquage et la transplantation en pépinière. Il convient cependant d'ajouter que toutes les fois qu'on sera obligé de planter au printemps des espèces à feuilles caduques, il sera bon de faire déplanter les arbres dans le courant ou à la fin de l'hiver, et de les faire mettre en *jauge* ou en *tranchée*, soit dans la pépinière, soit dans le voisinage du terrain à planter. Le printemps

---

(1) Le *collet* est le point intermédiaire entre la racine et la tige, celui d'où naissent ces deux organes pour se développer en sens inverse.

venu, le premier développement de ces arbres sera
retardé, et lorsque arrivera le moment de les confier définitivement au sol, on ne sera pas exposé à
troubler leur végétation. Cette pratique présente
de grands avantages pour les opérations tardives du
printemps. On peut planter ainsi au mois de mai des
arbres déplacés en février.

Lorsque les arbres devront voyager., on usera,
pour maintenir leurs racines en bon état, de la précaution indiquée pour les jeunes plants, c'est-à-dire
que ces racines seront, immédiatement après l'enlèvement, trempées dans un mélange liquide de terre
glaise et de fiante de vache ou de tout autre animal.
Cette substance en se desséchant, constitue une sorte
de pralinage au moyen duquel les racines, et surtout
le chevelu, sont à l'abri de l'influence desséchante de
l'air.

Avant la mise en terre, on procède à l'habillage
des arbres. On enlève avec un instrument bien tranchant l'extrémité des racines rompues ou desséchées. Celles qui ont été blessées sont coupées immédiatement au-dessus de la plaie, autour de
laquelle de nombreuses radicelles remplacent promptement ce qui a été tronqué. La section doit être
faite par-dessous, de telle façon que les radicelles
puissent se prolonger dans le sens de la racine et
reposer entièrement sur la terre.

Les feuilles sont les organes générateurs des racines ; on doit donc rétablir l'équilibre entre celles-ci
et les branches, en faisant sur ces dernières un retranchement en rapport avec celui subi par les racines. Ainsi, en supposant qu'on ait enlevé un tiers
de ces dernières, on doit supprimer un tiers en
longueur sur les branches, mais autant que possible
ces retranchements ne doivent porter que sur des
rameaux âgés de un à deux ans au plus.

Il ne faut jamais couper entièrement la tête de
l'arbre, c'est-à-dire l'*étêter*. Sans parler de l'aspect

disgracieux des tiges ainsi mutilées, qui ressemblent
à autant de bâtons plantés, cet usage, encore trop
commun, offre plusieurs inconvénients très-graves :
il prive l'arbre de tous les boutons qui auraient donné
naissance aux bourgeons et aux feuilles, et il re-
tarde ainsi le développement de la tige, dont il faut
de nouveau former le prolongement dans des conditions désavantageuses ; de plus, la plaie occasionnée
par la section de la tête se trouvant exposée à l'influence de l'air avant d'être cicatrisée, est sujette à
la carie, qui de là se répand dans le tronc de l'arbre.

L'*étêtement* ne doit être mis en pratique que
lorsqu'on tient à utiliser des plants beaucoup trop
développés en hauteur, eu égard à la grosseur de
la tige, ou dont les racines ont été tellement mutilées, que le retranchement total des branches n'est
pas même suffisant pour rétablir l'équilibre. Dans
tous les cas, cette opération est impraticable sur les
arbres à bois dur.

Mise en terre. — La végétation des arbres à bois
dur étant différente de celle des arbres à bois tendre,
on doit avoir soin de ne pas mélanger ces espèces
entre elles.

Au moment de la mise en terre on doit donner
aux tiges des arbres qui se sont élevés sur les bords
des carrés la même orientation qu'elles avaient en
pépinière. On reconnaît le côté qui se trouvait exposé au soleil à la couleur de l'écorce qui a pris une
teinte plus grisâtre.

L'influence de l'air étant nécessaire aux racines,
ces dernières ne doivent pas être enterrées trop
profondément ; dans ce but, le collet de la racine
doit être placé : dans les terrains moyens, à 5 centimètres en dessous de la surface du sol ; dans les
terrains les plus exposés à la sécheresse, à 0m 08 ;
et dans les plus humides, à 2 centimètres. On devra
tenir compte du tassement du sol, c'est-à-dire qu'au
moment de la mise en terre, on devra répandre sur

toute la superficie du trou, une couche d'environ dix
centimètres plus élevée que le niveau du terrain non
remué, afin que le collet de la racine se trouve à la
profondeur indiquée lorsque la terre sera complètement affaissée.

Il y aurait certainement avantage à planter dans
un terrain de mêmes nature et qualité que celui de
la pépinière ; mais cette coïncidence se rencontre
très rarement, et c'est dans le but de rétablir la pa-
rité entre les deux sols, que les engrais et amendements ont dû être préalablement déposés au bord
des trous. La plantation dans un sol plus fertile que
celui de la pépinière se trouvera d'ailleurs exceptionnellement favorisée.

Au moment de fixer l'arbre à demeure, on mélange ensemble les deux couches superficielles mises
à part, en y ajoutant les engrais et amendements
mis préalablement en réserve; puis, au fond du trou,
à la place que doit occuper l'arbre, on dispose de la
terre ainsi préparée en un petit tas sur lequel on as-
seoit les racines, en ayant soin de maintenir le collet
à la profondeur voulue ; pendant qu'un ouvrier comble le trou, un autre maintient la tige dans la position verticale en l'agitant un peu de bas en haut
et l'on tasse le sol avec les pieds. Si la terre des
deux couches superficielles mélangées comme il a
été dit, ne suffisait pas à combler l'excavation, on
emploierait en dernier lieu la terre de moins bonne
qualité extraite du fond.

Soins d'entretien. — L'écorce des jeunes arbres ne
se trouvant pas protégée comme en pépinière, dur-
cirait très-vite sous l'action des vents et du soleil,
circonstance nuisible à l'accroissement en diamètre.
Afin de parer à cet inconvénient, il faut avoir soin,
après la mise en terre, d'enduire les tiges avec une
bouillie de chaux éteinte, mélangée avec de l'argile
dans la proportion d'un quart. Ce système est préférable à celui qui consiste à les envelopper de paille

longue, fixée avec des liens d'osier; il est d'ailleurs bien moins coûteux.

· On combat la sécheresse du sol dans les jeunes plantations de la même manière que dans les pépinières, c'est-à-dire au moyen des *binages*, des *couvertures* et des *arrosements*. Dans les sols argileux, le binage doit être pratiqué sur toute l'étendue de la plantation. Un des meilleurs préservatifs est celui qui consiste à placer autour du pied de chaque arbre, et par dessus les couvertures organisées comme il a été dit pour les pépinières, un lit continu de cailloux tassés symétriquement les uns contre les autres, en ayant soin d'entourer préalablement la base de la tige d'une motte de gazon. On peut se convaincre de l'efficacité de ce moyen contre la sécheresse, en enlevant des cailloux fixés depuis un certain temps à la même place : le sol qu'ils recouvrent est toujours humide.

Un autre procédé non moins avantageux, consiste à faire au printemps, sur toute l'étendue de la plantation, un ensemencement d'ajoncs (1). Cette plante croissant rapidement, défend très bien le sol contre les ardeurs du soleil, et loin de l'épuiser, elle le fertilise au moyen du terreau provenant de la décomposition de ses feuilles. L'ajonc se maintient jusqu'à ce que l'ombrage des arbres ait acquis un développement tel, que cette plante se trouvant privée de la lumière qui lui est nécessaire, devient languissante et finit par dépérir totalement. Alors le but est atteint, puisque cet ombrage est devenu suffisant pour garantir le sol contre l'ardeur du soleil.

Les arrosements sont rarement praticables, sur-

_____

(1) La graine d'ajonc doit être répandue sur le sol dans la proportion de 18 kilogrammes par hectare. On l'enterre aussi profondément que possible, à l'aide d'un rateau à dents de fer.

tout dans les plantations d'une certaine étendue ; mais on ne doit pas négliger d'établir des rigoles pour amener les eaux pluviales aux pieds des arbres, autour desquels on crée de petits réservoirs. Sur les accottements des routes, ce système doit aussi être mis en pratique.

M. du Breuil a cité certaines localités où se trouvent ménages de chaque côté des routes, des banquettes de terre ou petits trottoirs servant de défense contre les roues des voitures. Dans ce cas, on établit de place en place des rigoles pour l'écoulement des eaux que l'on fait passer au pied de chaque arbre et de là dans le fossé.

Pendant les deux ou trois premières années, on doit prémunir les plantations d'alignement contre les accidents tels que l'ébranlement des tiges et les mutilations. Il convient pour cela de les entourer de branchages épineux à bois dur, fixés depuis la base de la tige jusqu'à la hauteur de 1 m 70, au moyen de liens en fil de fer renouvelés chaque année. De plus, on plante à 0 m 40 du pied de chaque arbre un tuteur d'une hauteur de 1 m 50, que l'on ramène obliquement par son extrémité supérieure taillée en biseau, contre la tige que l'on garantit des effets de son contact au moyen d'une poignée de paille; le tout est réuni par une ligature en fil de fer.

On peut employer en guise de *chasses-roues* le long des routes, soit des pierres plates, plantées verticalement à 0 m 40 du pied de chaque arbre, soit de la boue disposée en petits tas du côté intérieur des chaussées ; cette boue forme en se desséchant un corps assez résistant pour opposer un obstacle suffisant aux roues des voitures.

ELAGAGE DES ARBRES.

L'arbre de haut jet est arrivé à cette période qui n'est plus l'enfance ; il a désormais son rôle marqué dans cette grande évolution du règne végétal, si admirablement organisé par le créateur, qui semble avoir voulu l'assimiler en quelque sorte à l'existence de l'homme, pour que ce dernier, obéissant à la grande loi du travail, fut prodigue de soins envers les êtres les plus indispensables aux exigences de la vie humaine.

Le jeune sujet doit recevoir désormais une éducation en rapport avec sa destination, revêtir les formes les plus avantageuses à son développement. En favorisant sa belle venue dans un but de production, on recueillera d'autres avantages non moins précieux, et l'œil se reposera avec satisfaction sur une végétation vigoureuse, aux progrès rapides.

L'élagage intelligemment pratiqué, tel est le grand secret de cette éducation si souvent compromise par l'inexpérience, disons-le aussi, par l'ignorance des fonctions assignées à chaque organe du végétal, dans lequel il est si essentiel de maintenir une juste proportion entre tous les éléments qui concourent à son accroissement.

La *sève ascendante* et la *sève descendante* dont nous avons déjà parlé, les fonctions des feuilles par rapport à l'arbre et à ses racines, tels sont les phénomènes les plus intéressants de la végétation, ceux dont la connaissance importe le plus à l'élagueur qui doit savoir se rendre un compte raisonné de ses opérations, et mettre de côté ces pratiques vicieuses, fruit d'une routine aveugle, qui, sans motifs et sans précautions, opère sur les plus beaux arbres ces arges plaies équivalant à autant de mutilations dont es effets ne sont jamais détruits.

1 Aussi, malgré la difficulté de bien faire connaîtr

4

dans un cadre restreint cette partie si complexe et si instructive de la physiologie végétale, éprouvons-nous le besoin de faire une digression à notre sujet, en essayant de retracer ici les principales phases de ce grand travail résultant de deux forces agissant en sens inverse et produisant des effets si variés.

Les arbres prennent leur nourriture par les racines et par les feuilles.

Les racines puisent dans la terre des gaz et des fluides aqueux qui tiennent en dissolution les matières propres à la nutrition. Trois forces concourent à l'ascension jusqu'à l'extrémité des bourgeons, de ce liquide qui devient la *sève proprement dite*. La première, scientifiquement appelée *endosmose*, résulte du courant qui s'établit entre deux fluides d'inégale densité, dont le plus léger, celui qui est dans la terre humide, pénétrant à travers les parois du tissu extérieur des racines, va se mélanger avec les sucs plus denses de l'intérieur pour s'équilibrer avec eux, et, les repoussant en même temps de bas en haut, par l'effet de la pression extérieure dont l'expérience a démontré l'efficacité, produit ainsi cette première force d'ascension, au secours de laquelle vient une seconde force bien connue en physique sous le nom de *capillarité*, dont les effets d'attraction se produisent à travers les innombrables vaisseaux du corps ligneux, et principalement à travers les couches les plus extérieures de l'aubier. (1)

---

(1) *L'aubier* est la partie ligneuse la moins parfaite et la plus extérieure de la tige; il vient immédiatement après l'écorce et recouvre de ses couches concentriques le *bois parfait*. Ce dernier offre une plus grande dureté et se distingue généralement à sa couleur plus foncée. Dans la plupart des espèces, chaque couche annuelle est distincte, séparée des autres par une petite ligne de couleur plus foncée, et l'on peut, sur une tige coupée transversalement près de sa base, déterminer très approximativement l'âge de l'arbre par le nombre des couches qui sont d'autant plus resserrées qu'elles se rapprochent plus du centre.

Les feuilles, de leur côté, exercent une puissante attraction, au moyen de la succion qu'elles opèrent, et voici de quelle manière :

Pourvues sur leurs deux faces, et notamment à la face inférieure, de pores nombreux que l'on nomme *stomates*, une évaporation de la partie aqueuse a lieu, et elle est parfois si considérable, qu'on la retrouve dès les premiers rayons du soleil levant, à l'état de gouttelettes. Le vide opéré par cette évaporation produit de proche en proche un appel entraînant un afflux de sucs liquides vers les parties supérieures.

Lorsque les feuilles sont encore à l'état de boutons, elles se développent sous l'action de la sève qui, répandue dans toutes les parties de l'arbre, avait été suspendue dans son mouvement sous l'influence des premiers froids ; au printemps, elle reprend toute sa vigueur et détermine l'épanouissement des boutons ainsi que le premier développement des feuilles.

Ainsi, *endosmose, capillarité, succion* par le haut du végétal, telles sont les forces physiques qui jouent un grand rôle dans l'absorption par les racines ; il faut y ajouter un autre agent bien supérieur, mais dont la science ne possède pas le secret ; c'est *la force vitale.*

La sève ascendante entraîne le développement successif des bourgeons terminaux et allonge ainsi le tronc, les branches et les rameaux.

Parvenue dans les feuilles, elle est mise en contact avec l'air ; indépendamment de l'évaporation considérable qu'elle y subit et qui lui enlève une portion de la partie aqueuse, un autre phénomène se produit et complète l'élaboration de la sève : la feuille respire ; elle puise dans l'air de l'oxigène, du gaz acide carbonique, des vapeurs d'eau ; cette absorption a lieu pendant la nuit. Or, les végétaux étant principalement composés de carbone, d'oxigène et d'hy-

drogène., toutes ces substances se rencontrent dans
l'air aspiré par les feuilles et viennent se .joindre à
celles de même nature contenues dans la sève et
puisées dans le sol. Pendant le jour, sous l'action
de la lumière, l'acide carbonique se décompose;
l'oxigène est renvoyé dans l'air et le carbone se fixe
dans le végétal. Plus l'action de la lumière est intense,
plus la décomposition du gaz acide carbonique est active et plus le bois des arbres devient dur et compacte
à cause de la plus grande quantité de carbone qui se
rencontre dans les tissus. La sève devient alors
moins liquide; elle est *élaborée* et acquiert le carac-
tère d'un nouveau fluide connu sous le nom de *cambium*; cette substance passe des cellules de la feuille
dans les nervures du même organe et parvient
jusqu'à la base du pétiole (point d'attache de la feuille);
là, il détermine la formation d'une couche d'*aubier*
et de *liber* (1); une partie descend par les vaisseaux
de la couche de liber et prend le nom de *sève descendante ;* elle se répand ainsi sur toutes les parties
ligneuses de l'arbre et constitue son accroissement;
enfin, elle pénètre jusqu'aux racines dont elle favorise le développement.

Ainsi, en résumant en peu de mots le double phénomène de la sève ascendante et de la sève descendante, disons : que l'eau de la terre tenant diverses
substances en dissolution, pénètre dans les racines
par leurs extrémités, monte sous le nom de sève
par la tige, à travers les corps ligneux, où elle dis-
sout et s'approprie diverses substances nouvelles.
Cette marche de bas en haut et de dedans en dehors,
détermine le prolongement des tissus, la mène dans

---

(1) Le *liber* est la couche la plus intérieure de l'écorce; il est
est immédiatement en contact avec l'aubier. Il se compose d'un
grand nombre de couches minces et flexibles dont la réunion a
été comparée aux feuillets d'un livre : de là lui est venu le nom
de *liber*.

les feuilles et à la surface de l'écorce où elle se met en rapport avec l'air ; là, se trouvant complètement organisée, elle devient sève descendante, prend une marche rétrograde en suivant principalement l'écorce et déposant sur son passage des matières nutritives destinées aussi à la formation de nouveaux tissus ; enfin elle arrive à l'extrémité des racines, par où l'absorption a commencé.

Ajoutons à ce que nous avons dit sur le rôle de la lumière, qu'elle est un agent indispensable à la nutrition des végétaux ; c'est elle qui détermine la succion et l'absorption ; elle est nécessaire à la décomposition du gaz acide carbonique, décomposition à l'aide de laquelle le charbon devenu libre et dans un état de division inappréciable, peut être assimilé aux plantes et servir à l'accroissement de leurs parties ; c'est encore à son action qu'est due la transpiration aqueuse par la surface des feuilles, phénomène qui permet à la sève des racines de se débarrasser de son eau surabondante et d'être transformée en cambium: Elle exerce donc une grande influence, non seulement sur la qualité du bois, mais encore sur le mode de croissance des végétaux, et à cet égard, il y a une grande distinction à établir entre l'arbre recevant les rayons solaires du sommet à la base, et celui qui croit dans l'intérieur des massifs.

Il est important de noter dès à présent une conséquence capitale de la marche et des fonctions de la sève descendante ; c'est que les branches coupées partiellement, de manière à opérer le retranchement de toute ou presque toute leur partie feuillue, se trouvant ainsi dépourvues du fluide destiné à leur accroissement, ne grossissent plus. En complétant leur suppression l'année suivante, la plaie se desséchera et se cicatrisera bien plus facilement qui si l'on eût opéré en une seule fois. Nous aurons à faire ressortir l'utilité de cette précaution qui doit être mise en usage toutes les fois qu'il s'agira de la suppression forcée de branches offrant un corps ligneux bien formé.

L'élagage dont M. du Breuil a tracé les règles, a pour but de donner au tronc des arbres le plus grand développement possible, soit en hauteur, soit en diamètre, c'est-à-dire la formation de bois de construction ayant une grande valeur. Il y a avantage à opérer ainsi dans les plantations d'alignement, surtout le long des routes, car indépendamment du produit, les arbres ne fournissent pas un ombrage nuisible aux héritages riverains, puisque, comme nous le verrons, leur tête est formée de jeunes branches et n'offre une certaine étendue que lorsque le sujet a atteint la limite de sa croissance en hauteur.

Mais si au lieu de rechercher ces avantages, on voulait obtenir, soit un ombrage plus étendu, soit dans un temps donné, la plus grande quantité possible de bois, on devrait, lorsque les plantations ont été convenablement faites, abandonner les arbres à eux-mêmes et se contenter de les préserver de tout ce qui peut nuire à leur prompt et vigoureux accroissement, et notamment s'opposer au développement de rameaux trop rapprochés à leur base les uns des autres. Il faudra toutefois maintenir le tronc dégarni de branches, jusqu'à une hauteur de 2ᵐ50 à 3 mètres, pour ne pas gêner la circulation. L'arbre se trouvant éclairé du sommet à la base, les branches latérales poussent vigoureusement sous l'influence de la lumière, et, détournant à leur profit une partie de la sève ascendante, il s'élève moins et projette un ombrage plus étendu.

Dans les futaies en massifs serrés, l'élagage s'opère pour ainsi dire naturellement. En effet, la lumière n'éclairant que très-faiblement les branches inférieures, celles-ci ne prennent pour ainsi dire pas d'accroissement, car la sève étant attirée vers le sommet, finit par abandonner les ramifications inférieures qui dépérissent; elles disparaissent à mesure que la tige s'allonge ; et lorsque l'arbre cesse de croître en hauteur, la tête se forme par le développement des branches du sommet, qui continuent leur croissance jusqu'à la maturité du sujet.

Il ne s'agit donc pour ces sortes de plantations que de quelques soins d'entretien, ayant pour but d'empêcher la formation de branches rivales de la tige. De plus, il faut avoir soin de supprimer les branches avant leur dépérissement complet ; sans cette précaution, il se formerait une espèce de moignon qui finit par disparaître sous les couches nouvelles, et alors, ou il se pourrit et altère ainsi la tige, ou bien il se dessèche et fait l'effet d'une cheville enfoncée dans le tronc. Ces moignons se remarquent principalement sur les pins et sapins, où ils sont disposés en bâtons de perroquets. On doit les couper avec un instrument tranchant, et non les casser, pour éviter la déchirure presque inévitable de la partie ligneuse.

Le premier élagage doit avoir lieu après la reprise complète de l'arbre, c'est-à-dire, de trois à cinq ans après la plantation, suivant que la végétation aura été plus ou moins favorisée. Il est essentiel, d'une part, de ne pas le pratiquer trop tôt, afin d'éviter la suppression des premières feuilles qui sont si nécessaires au développement des racines et par conséquent à la reprise de l'arbre ; d'autre part, on ne doit pas trop retarder ce premier élagage, autrement on serait dans la nécessité de supprimer un trop grand nombre de branches à la fois, et il en résulterait des plaies considérables et d'une cicatrisation difficile.

On doit choisir pour cette opération le moment auquel la végétation est suspendue, c'est-à-dire, depuis le mois de novembre jusqu'au mois de mars. La fin de l'hiver est préférable, les plaies étant à cette époque moins longtemps exposées à l'action désorganisatrice de l'air, vu l'approche de la végétation. Quant aux arbres résineux, il est plus convenable de les.élaguer en automne, *si cette opération est jugée nécessaire|*, les sucs résineux s'écoulant alors en moins grande abondance qu'au printemps.

L'expérience a démontré que le meilleur système d'élagage pour obtenir de beaux bois de construction, consistait dans la suppression des branches jusqu'à la moitié de la hauteur totale de l'arbre.

Dans ce système, la masse de feuilles se trouvant concentrée sur la moitié de la partie supérieure, le tronc profite dans toute sa longueur des fibres ligneuses fournies par ces feuilles, et son diamètre est plus égal du sommet à la base, circonstance très-importante pour la valeur du bois. A mesure que la tige s'allonge, on doit supprimer les branches inférieures de la tête, de telle sorte, que le tronc soit dépourvu de ramifications jusqu'à la moitié de la hauteur totale de la tige.

Chez les arbres résineux, la vigueur des branches latérales influe d'une manière bien moins sensible sur la rapidité de leur allongement, car elles n'offrent jamais un grand volume. L'expérience a démontré qu'il y avait avantage à les conserver jusqu'à leur dépérissement, époque à laquelle on les supprime de la manière qui a été indiquée.

Les branches à supprimer sont donc toutes celles qui se trouvent en dessous de la moitié de la hauteur totale de l'arbre. De plus, quelle que soit la position de la tige, l'élagage doit porter :

1° Sur les branches qui, plus favorisées que leurs voisines, prennent un accroissement disproportionné. Il ne faut pas attendre pour les retrancher qu'elles soient comprises dans l'étage des branches destinées à disparaître, car elles déformeraient la tige en contrebalançant sa végétation, et la plaie résultant de leur suppression tardive serait plus étendue et se cicatriserait plus lentement. Nous mentionnerons plus loin la funeste influence de ces plaies sur le tronc de l'arbre.

2° Sur les branches faibles ou de moyenne grosseur qui naissent plusieurs au même point. On doit les supprimer successivement , c'est-à-dire attendre que la première plaie soit cicatrisée avant d'en faire une seconde trop rapprochée , et cela afin d'éviter un large empâtement qni serait la conséquence forcée de l'enlèvement simultané.

3° Sur les ramifications verticillées , c'est-à-dire disposées en cercle et naissant à la même hauteur autour de la tige. Si elles étaient laissées intactes , elles nuiraient au passage de la sève et s'opposeraient au prolongement de la tige. On doit couper quelques-unes de ces branches , en laissant un espace égal entre celles qui sont conservées. On ne les supprimera aussi que successivement , lorsqu'il y en a plusieurs, pour éviter l'inconvénient des plaies trop rapprochées les unes des autres.

4. Sur le rameau situé dans le voisinage de l'extrémité de la tige , lorsqu'il a des tendances à devenir presque aussi vigoureux qu'elle. Dans ce cas, la tige principale tend à se diviser et à s'éloigner de la ligne verticale. On supprime d'abord les trois quarts de la branche rivale et l'on ramène le rameau terminal à la position qu'il doit avoir , en l'attachant au chicot qui est totalement supprimé l'année suivante.

Lorsque le centre de la tige a été dérangé , soit par la violence des vents, soit par toute autre cause, on doit la remener dans la position verticale , en dégarnissant le côté de la tête qui est le plus incliné et laissant l'autre à peu-près intact. Dans les pays exposés à de grands vents , il est très-utile de prévenir l'inclinaison des arbres , en commençant dès leur jeune âge à plus charger leur tête du côté du vent dominant que du côté opposé.

Périodes de l'élagage. — L'élagage doit
être pratiqué tous les deux ans , pendant les douze
premières années de la plantation. Après ce laps de
temps , leur accroissement en hauteur et en diamètre étant moindre , on se borne pendant les dix ou
donze années suivantes à les élaguer tous les trois
ans. Après cette seconde période., l'élagage ne sera
plus pratiqué que tous les quatre ans , et cessera
complètement , lorsque l'arbre ne croissant presque
plus en hauteur , sa tête prendra une plus grande
extension. C'est ce qui a lieu suivant les espèces et
la vigueur des individus , vers l'âge de 50 à 50 ans.
Toutes les branches latérales deviennent alors nécessaires pout favoriser le complet développement
de la tige en diamètre.

Manière d'opérer les suppressions.

Ainsi que nous l'avons déjà énoncé , on doit user
de précautions indispensables lors de la suppression
des branches d'un certain volume , soit qu'il y ait
nécessité de couper celles dans lesquelles le bois parfait s'est déjà développé , soit que l'on opère sur celles où le bois est à l'état d'aubier seulement.

Dans le premier cas , le bois parfait de la tige se
trouvant en communication directe avec celui de la
branche à supprimer , et la plaie mise à nu se cica-
trisant difficilement , la carie se propage fatalement
à l'intérieur du tronc , par suite de la décomposition des tissus.

Dans le second cas , l'aubier offrant une certaine
surface, la plaie se cicatrise d'autant plus lentement
qu'elle est plus large et que la branche était plus ré-
cemment soumise à l'action d'une sève abondante.
De là , la conséquence de la carie qui se gagne rapidement , de proche en proche.

Les explications que nous avons fournies sur les
fonctions de la sève ascendante et de la sève descendante suffisent pour faire comprendre qu'en retran-

chant d'abord une portion notable de la branche destinée à disparaître , non-seulement ce qui reste ne se développera plus en volume, mais encore la marche de la sève se trouvant enrayée , la plaie se cicatrisera d'autant plus facilement que la partie restante contenait moins de sucs nutritifs entretenant une humidité toujours lente à disparaître. De plus , la tige continuant à grossir , l'étendue proportionnelle de la plaie est diminuée lors de la suppression totale et elle se recouvre bien plus vite.

On doit donc commencer par couper les deux tiers ou les trois quarts de la branche , en opérant la section immédiatement au-dessus d'une ramification. Le retranchement total ne se fera que lors de l'élagage suivant. Alors on attaquera la branche à sa base. Si sa position par rapport à la tige principale est à angle droit ou peu aigu , la section doit être perpendiculaire à son axe ; si l'angle est très aigu la coupe est oblique et la plaie, de forme elliptique, est plus grande que le diamètre de la branche. Par ce moyen , la surface de cette plaie se trouvant inclinée , les eaux ne s'y arrêtent pas.

La coupure trop près du tronc a l'inconvénient d'agrandir la plaie outre mesure et d'exposer ainsi plus longtemps l'aubier à l'influence désorganisatrice de l'air.

Lorsqu'on opère la suppression définitive des branches, on doit le faire de manière à ce que en se détachant elles n'entraînent pas la déchirure de l'écorce du tronc, et à cet effet, on pratique d'abord en-dessous une entaille égale au quart de son diamètre ; on en fait autant au-dessus et on les détache ainsi sans accident.

Il est important de pratiquer, deux ou trois jours après l'élagage , l'engluement des plaies qui atteignent une certaine dimension ; (soit 0 m. 03 de diamètre et au-dessus.) Cette opération est surtout nécessaire lorsque le bois parfait est mis à nu. L'engluement se fait avec un mélange de poix résine et de poix de Bourgogne que l'on emploie liquide, mais à une chaleur assez modérée pour ne pas altérer les tissus.

Un arbre *étété*, mais convenablement planté, se couvre dès la première année de nombreux bourgeons qui poussent sur le tiers supérieur de la tige. Pour former le prolongement de cette dernière, on commence par supprimer, pendant la saison convenable, tous les rameaux existant entre le sommet de la coupe et 15 centimètres de ce point ; on conserve les autres. A cette distance de 15 centimètres, on choisit le rameau le plus vigoureux et on le redresse dans la position verticale en l'attachant contre la tige ; on retranche environ la moitié des autres rameaux qui tendraient à prendre trop de développement. Le rameau terminal pousse alors bien plus vigoureusement que ses voisins et forme bientôt un prolongement convenable. Au bout de deux ans on coupe obliquement le sommet de l'ancienne tige qui servait de tuteur, et lorsque la plaie est cicatrisée, soit 2 ans après, l'arbre présente le même aspect que ceux qui n'ont pas été étêtés. Il est soumis alors aux règles d'élagage ci-dessus décrites.

Instruments d'élagage. — On ne doit employer pour l'élagage des arbres que des instruments bien tranchants, afin que les plaies soient bien nettes. L'usage de la scie doit donc être proscrit, car elle laisse après elle une surface rugueuse très propre à entretenir l'humidité. Dans les cas où son emploi deviendrait nécessaire, il faudrait faire disparaître avec la serpe toutes les traces de son passage.

L'instrument le plus employé pour élaguer est la *serpe*, que tout le monde connaît, et qui varie de forme suivant les localités. On se sert aussi du *croissant*. *L'échenilloir*, qui n'est autre qu'un sécateur adapté à une allonge et dont on fait mouvoir le ressort à l'aide d'une corde fine, est très utile pour raccourcir les branches supérieures tendant à prendre un trop grand développement.

Enfin, un instrument dont on ne saurait trop recommander l'usage, est *l'ébranchoir à crochet* ou *ciseau d'élagueur*. Ce ciseau est adapté à un manche auquel on donne la longueur nécessaire pour atteindre les branches à supprimer. Pour s'en servir, on plante la lame au point où la branche doit être coupée, et en frappant avec un maillet sur l'extrémité inférieure du manche, on la détache facilement. On est ainsi dispensé de monter sur les jeunes arbres, et dans beaucoup de cas, on peut se passer d'échelle. Le crochet qui accompagne la lame sert à dégager la branche coupée de celles dans lesquelles elle peut être retenue.

On doit rigoureusement proscrire l'usage des *griffes* dont les élagueurs s'arment quelquefois les pieds pour monter sur les arbres. Ces griffes, munies de pointes qui se plantent dans l'écorce, occasionnent toujours des déchirures ou des plaies très-nuisibles. On doit forcer les ouvriers à les suppléer par l'usage de l'échelle double ou de l'échelle simple.

Différents systèmes d'élagage. — Le système d'élagage qui vient d'être décrit, autrement dit *l'élagage progressif en tête*, est celui auquel M. du Breuil accorde la préférence comme procurant les plus beaux bois de service et accélérant le plus le développement du sujet dans d'excellentes conditions. Toutefois, il a dû passer en revue les divers autres systèmes mis en pratique, et il nous suffira de les faire connaître brièvement pour faire ressortir la supériorité de celui dont nous venons de tracer les règles.

1° *Elagage complet.* — Ce mode d'élagage est un des plus anciens; on commence à le pratiquer de 6 à 8 ans après la plantation. A cette époque on supprime toutes les branches jusqu'au sommet en ne laissant qu'un petit bouquet à l'extrémité. Au bout de 6 ou 7 ans, on recommence la même suppression et l'on continue ainsi périodiquement, en maintenant toujours un petit faisceau de branches au sommet. Dans ce système, l'arbre croît rapidement en hauteur, pendant les premières années seulement ; car cet accroissement est entravé par l'absorption de la sève au profit des nombreuses branches qui se développent sur le périmètre des plaies ; ces branches deviennent de vrais *têtards* ; à chaque nouvel élagage les empâtements prennent une extension plus volumineuse ; des nodosités difformes se trouvent disséminées sur toute la hauteur de la tige qui devient impropre au service ; le plus souvent la carie s'en empare et l'arbre ne fournit même plus du bon bois de chauffage.

Ce mode d'élagage a été perpétué par les fermiers ou usufruitiers qui, n'ayant aucun intérêt à faire acquérir de la valeur aux arbres, y trouvent l'avantage d'une abondante production de menu bois tous les six ans. C'est le plus vicieux de tous les élagages.

Elagage belge ou en colonne. — Cet élagage, très usité en Belgique, où l'on s'est beaucoup occupé des soins à donner aux plantations d'alignement, se pratique de la manière suivante : le premier élagage a lieu deux ou trois ans après la plantation ; toutes les ramifications sont supprimées depuis le sol jusqu'à deux mètres d'élévation. A partir de ce point, on conserve toutes les autres branches, moins celles qui ont pris un développement disproportionné ; ces dernières sont retranchées en deux fois, d'après les principes qui ont été expliqués ; on supprime également les ramifications verticillées et celles qui, voisines du rameau terminal, lui disputent la prééminence. Le second élagage a lieu trois ans après ; à cette époque on dégarnit le tronc jusqu'à 2m 50 d'élévation au-dessus du sol ; il ne doit être désormais conservé à nu que dans cette partie ; on fait disparaître complètement les branches qui avaient été raccourcies lors du premier élagage, et l'on traite les nouvelles ramifications de la même manière que les anciennes. On répète cet élagage tous les trois ans, en ayant toujours soin de supprimer en deux fois les branches trop grosses. Ainsi, la tige est toujours garnie de petites branches ou de branches moyennes jusqu'au sommet, de nouvelles ramifications remplacent les branches supprimées ; on les conserve tant qu'elles ne sont pas trop grosses.

L'arbre ainsi traité offre l'aspect d'une colonne et présente une forme assez agréable à la vue : de plus il ne nuit point par trop d'ombrage aux récoltes voisines. Mais il fournit des bois de service d'une valeur bien moindre que ceux sur lesquels a été pratiqué l'élagage progressif en tête. La tige s'allonge beaucoup moins par suite de l'absorption d'une partie de la sève ascendante par les branches latérales ; les suppressions pratiquées pendant toute la vie de l'arbre nuisent à son accroissement, et les branches étant disséminées sur toute la longueur de la tige, au lieu d'être réunies en tête, le tronc décroit rapidement de la base au sommet.

Il serait d'ailleurs inexact de dire que les arbres ainsi traités résistent mieux à l'action des vents violents, car ils sont moins solidement enracinés ; tandis que ceux dont la tête se développe librement, fournissent des racines moins ramifiées, il est vrai, mais bien plus longues et bien plus grosses, et par conséquent bien plus solidement fixées en terre.

5° *Élagage en cône.* — Ce système a été mis en avant par M. Stéphens, ingénieur belge, qui l'a appliqué aux plantations sur les routes et canaux confiés à son service.

Comme dans l'élagage en colonne, l'arbre est dépouillé de branches jusqu'à 2 m 50 au-dessus du sol ; à partir de ce point, on conserve toutes les ramifica-

tions quelle que soit leur grosseur ; puis on les rac-
courcit de manière à donner à leur ensemble la forme
d'un cône dont la base est égale au tiers de la hauteur de la tige. On pratique l'élagage tous les quatre
ans, toujours en maintenant la forme cônique et l'on
supprime les ramifications des branches principales.

Les arbres ainsi traités sont d'un joli aspect, mais
les branches latérales devenant très grosses exercent
une funeste influence sur la tige, en enlevant une
grande partie de la solidité de son bois. Ces mêmes
branches sont recouvertes de nœuds plus ou moins
volumineux qui souvent se carient et propagent l'al-
tération à l'intérieur de la tige. Cette dernière se
trouve d'ailleurs encore plus considérablement diminuée de diamètre de la base au sommet, que dans
l'élagage en colonne et sa croissance en hauteur est
moindre ; aussi l'infériorité de ce système est-elle aujourd'hui bien constatée et l'abandon absolu en est-il
conseillé.

Remplacement des arbres. — Quels
que soient les soins qui aient présidé aux plantations
et à leur entretien, elles contiennent presque toujours des arbres dont le remplacement devient nécessaire, soit qu'ils aient été d'une reprise difficile,
soit par suite de tout autre accident. Les remplacements doivent s'effectuer le plus tôt possible, pour
préserver les nouveaux sujets des inconvénients résultant de l'ombrage et de l'extension des racines
de leurs voisins. Lorsqu'on les exécute dans les premiers temps de la plantation, il suffit de vider entièrement les trous et de replacer la terre de la manière décrite pour la mise en terre des jeunes plants.
Mais s'il s'est écoulé plusieurs années, 15 ou 20 ans
par exemple, on devra renouveler cette terre en la
remplaçant par une autre riche en principes nutritifs.

L'expérience a démontré que le *peuplier du Ca-*

nada et le *peuplier de Virginie* étaient les espèces qui surmontaient le plus facilement les obstacles résultant du voisinage des arbres déjà âgés.

Exploitation et renouvellement des plantations. — On reconnaît qu'un arbre est arrivé à maturité, lorsque l'extrémité des rameaux supérieurs se dessèche ; à partir de ce moment, le développement du sujet est arrêté ; il est inutile de le laisser plus longtemps en terre. Dans les plantations où les espèces sont identiques et du même âge, la maturité est simultanée. Il y a d'ailleurs avantage à faire l'aménagement de manière à pouvoir exploiter à la fois une étendue déterminée.

Le meilleur système d'abattage consiste à attacher préalablement un cable au sommet de la tige, de manière à pouvoir tirer l'arbre du côté où l'on veut qu'il tombe. Il convient d'abord de l'ébrancher. On ouvre ensuite une large tranchée autour du pied et on coupe les racines latérales le plus profondément possible. Ce mode est préférable à celui qui consiste à scier l'arbre par le pied, puisque le tronc est plus long et a par conséquent plus de valeur, et que d'ailleurs le terrain est déblayé de manière à pouvoir y planter à nouveau.

Lorsqu'on renouvelle les plantations, on n'est pas soumis à la loi de l'alternance comme pour les pépinières. En effet, à partir de l'âge de 30 à 40 ans, les extrémités radiculaires par lesquelles l'arbre puise la sève, sont à une distance telle de la perpendiculaire de la tige, qu'elles n'absorbent plus les sucs nutritifs de la terre placée autour de cette perpendiculaire (soit au moins dans un rayon de 1 m 50), et dont les principes fertilisants ont tout le temps de se reconstituer jusqu'au moment de l'exploitation, alors que la durée moyenne de la croissance des arbres de haut jet peut être portée à 70 ans.

L'expérience a d'ailleurs démontré que les mêmes espèces se succèdant, les nouvelles se développaient aussi bien que les précédentes.

PLANTATIONS D'ORNEMENT.

Les plantations d'ornement proprement dites, ont, comme l'indique leur nom, un but qui exclue la préoccupation de la production du bois. Ce que l'on recherche principalement est un ombrage épais, l'élégance du port, l'éclat des fleurs. Le choix des sujets doit donc porter sur les espèces les plus aptes à remplir ces conditions, espèces parmi lesquelles on peut citer : le *maronnier d'Inde*, le *tilleul de Hollande*, le *tilleul argenté*, l'*érable sycomore*, l'*érable plane*, le *platane d'occident*, l'*orme tortillard*, le *peuplier argenté*, le *peuplier du Canada*, qui tous s'accommodent également du climat du nord et du climat du midi. Il en est de même du *Vernis du Japon*, dont nous avons toutefois signalé les inconvénients dans le voisinage des habitations.

Lorsqu'on exécute des plantations d'ornement, on doit s'imposer la tâche de réussir quand même et ne négliger aucun des soins propres à hâter le développement des arbres. Ainsi, il est nécessaire de choisir des plants sains et vigoureux, pourvus d'une quantité suffisante de racines et de ramifications; si le sol dans lequel on se propose de planter est de médiocre qualité, il faut pratiquer une tranchée large et profonde et remplacer la terre extraite par une autre riche en principes nutritifs. On doit aussi, surtout dans les terrains exposés à la sécheresse, se ménager des moyens d'irrigations; enfin, si les jeunes arbres sont exposés à la poussière, ce qui a lieu surtout dans les plantations urbaines, il est utile de laver de temps à autre leurs feuilles, pour s'opposer à l'obstruction des pores, très nuisible aux fonctions de la sève et par conséquent à la végétation. Cette opération se pratique ordinairement au moyen de conduits flexibles vissés aux prises d'eau voisines ; on peut organiser aussi le système de lavage en adaptant ces conduits à des pompes mobiles.

Dans l'intérieur des villes, on doit, autant que possible, isoler les racines des conduites de gaz ; il est aujourd'hui démontré que l'hydrogène carboné destiné à l'éclairage, exerce sur elles une action funeste et la présence des fuites ne se manifeste que lorsque le sol environnant se trouve déjà saturé du gaz délétère.

La transplantation des arbres âgés est applicable aux plantations d'ornement ; elle n'est toutefois qu'exceptionnellement conseillée, car elle entraîne des dépenses considérables qui ne sont pas suffisamment compensées par les avantages obtenus. Les arbres ainsi déplacés ne réussissent jamais aussi bien que ceux plantés dans leur jeune âge, et ils exigent des soins très minutieux. Cependant, depuis quelques années, ce système a pris une certaine extension ; la ville de Paris, notamment, l'a appliqué largement à la décoration de ses promenades, squarres, etc., et pour donner une idée des sacrifices qu'elle s'impose sous ce rapport, M. du Breuil a cité le déplacement au bois de Boulogne d'un grand cèdre du Liban, dont la translation sur un autre point ayant été jugée nécessaire à l'harmonie du paysage, a entraîné une dépense de 50 mille francs. À ce prix, la réussite a été obtenue.

Ce genre de transplantation ayant été passé en revue par M. du Breuil, nous allons résumer les notions qu'il a fournies à ce sujet.

Les arbres âgés que l'on veut transplanter, doivent être isolés et non réunis en massifs serrés. Ceux qui sont le produit de semis sur place sont impropres à cette opération, car leurs racines étant très longues et peu ramifiées, la reprise serait sinon impossible du moins très difficile. Le sol nouveau doit être de meilleure qualité que le précédent. Les espèces dites à *bois blanc*, telles que *peupliers, aunes, tilleuls, maronniers*, offrent beaucoup plus de chances de réussite. Les arbres à bois dur et après eux les arbres résineux, sont ceux qui se prêtent le moins à ce genre de transplantation.

La déplantation des arbres âgés a lieu soit *avec la motte*, soit à *racines nues*. Le premier mode est préférable, mais n'est praticable que dans le cas où les radicelles ne s'étendraient pas au delà d'un rayon de 1 ^{m}50. On creuse alors au point où l'on suppose le développement des racines arrêté, une tranchée circulaire de un mètre de largeur ; on entoure la motte ainsi formée d'un clayonnage solidement établi. On ménage ensuite un chemin en pente douce, par lequel on fait arriver à reculons, jusqu'au pied de la motte, le char destiné au transport. Après avoir muni la base de la tige de bourrelets épais, on y attache des cables solides, mus par une ou plusieurs chèvres. L'arbre ainsi soulevé est placé sur la voiture que l'on a fait de nouveau reculer pour y asseoir la motte et l'on fixe solidement le tout.

Le trou destiné à recevoir l'arbre doit avoir en diamètre au moins 1^{m}50 de plus que celui de la motte, et une profondeur égale à la hauteur de celle-ci. On y arrive par un chemin tracé en plan incliné, qui se prolonge en remontant du côté opposé. Arrivé au point voulu, l'arbre est soulevé au moyen de chèvres, et, le char sorti du trou, il est mis en place. On le maintient pendant un an, au moyen de cordages disposés en croix et solidement attachés à des arbres voisins ou à des pieux.

En 1855, un Anglais fit essayer à Paris une machine ingénieuse, destinée à simplifier le système qui vient d'être exposé. Un chassis ou cadre de fer était placé à la surface du sol, autour de l'arbre à déplanter. Huit fortes bêches, (deux de chaque côté), étaient verticalement enfoncées avec une masse, con-

tre les parois intérieurs de ce chassis; puis au moyen
d'un mécanisme spécial, le sommet des manches de
chacune de ces bêches était repoussé au dehors; la
pression exercée par les lames sur les parties inférieures de la motte, tendait à la soulever. Un autre
mécanisme supporté par des roues, élevait au-dessus
de la surface du sol ce chassis entraînant avec lui la
motte découpée, et l'arbre était ainsi transporté
dans le trou destiné à le recevoir.

Cette machine n'a pas eu le succès qu'en atten-
dait son inventeur, car elle offrait des inconvénients
assez graves. Ainsi, on ne pouvait enlever une motte
d'un diamètre de plus de 1ᵐ50; les dimensions du
chassis ne pouvaient varier à volonté et il était impossible d'enfoncer la lame des bêches dans un terrain renfermant des cailloux d'un certain volume.

Lorsque la déplantation a lieu *à racines nues*, on
ouvre, comme dans le premier cas, une tranchée
circulaire d'un mètre de largeur au point où les
extrémités radiculaires sont supposées arrivées. On
enlève ensuite avec beaucoup de précautions la terre
qui couvre les racines, et lorsqu'elles sont mises à
nu, l'arbre qui au préalable avait été maintenu par
des cordages, est fixé contre la machine de transport composée de deux grandes roues, d'un essieu
et d'un long timon unique fixé au milieu de l'essieu.
Le timon ayant été verticalement dressé contre la
tige de l'arbre, à laquelle il est solidement attaché,
on l'abaisse lentement, pendant que des ouvriers dé-
tachent les racines laissées encore engagées dans la
terre. L'arbre une fois couché, on réunit et l'on attache en faisceau les branches et les racines; les
chevaux sont attelés du côté de ces dernières, et,
arrivé à l'emplacement préparé d'avance, on dresse
la tige en plaçant de nouveau le timon dans une position verticale.

Les arbres ainsi déplantés exigent encore des
soins minutieux, et la tige doit pendant un certain

temps être protégée contre les ardeurs du soleil et maintenue dans un état d'humidité permanente ; à cet effet, on les emmaillote dans la mousse enveloppée de toile, et cette mousse est entretenue humide, au moyen de godets évasés, placés vers la naissance des branches et destinés à recevoir l'eau nécessaire.

Il est aisé de comprendre par cette description sommaire, que la transplantation des arbres âgés est une opération exceptionnelle, accessible seulement aux fortunes princières, ou aux villes qui, telles que Paris, ont tout intérêt à déployer ce luxe féérique, objet de l'admiration du monde entier. Aussi, les plantations d'ornement se renferment-elles généralement dans un cadre plus modeste et subissent-elles la loi commune à toutes les plantations dont le développement est le résultat de la croissance progressive des sujets installés à demeure dès leur jeune âge.

Élagage. — Au moyen de l'élagage, on donne à l'arbre d'ornement la forme et l'aspect que l'on désire lui faire acquérir ; il suffit pour ne pas opérer malencontreusement, d'avoir toujours en vue les principes déjà posés, et surtout d'éviter les mutilations et les suppressions de nature à amener une perturbation dans la végétation du sujet.

Le système d'élagage auquel M. du Breuil s'est le plus spécialement attaché, est l'*élagage en rideau*, à l'élégance duquel se joint un ombrage épais et continu.

C'est principalement dans les allées et avenues, autrement dit, dans les *plantations d'alignement d'ornement*, que ce système doit être mis en pratique. On fait naître le rideau de verdure à 2m50 au-dessus du sol et l'on évase la tête en forme de champignon. On laisse tout autour de la tige les branches ou rameaux taillés et arrêtés à 50 centimètres du tronc, et cela, jusqu'au point où commence l'évasement de la tête.

Une double rangée d'arbres ainsi conduite, forme au-dessous d'elle une sorte d'ogive de verdure continue, dans toute la longueur de l'allée.

Un autre *élagage en rideau* consiste à arrêter l'allongement de l'arbre à la hauteur de 6 mètres environ ; de plus, à partir de 2^{m}50 au-dessus du sol, on élague les branches et ramifications de manière à ce qu'elles forment un berceau de verdure avec celles des arbres plantés parallèlement. Ce système est spécialement recommandé dans les plantations situées à proximité et surtout le long des habitations.

Cet élagage, comme le précédent, doit être pratiqué toutes les années au printemps ; les parties laissées intactes par la taille s'allongent rapidement dans l'espace qu'on veut leur faire parcourir. Comme dans les plantations d'alignement forestières, on a soin de s'opposer au développement trop vigoureux de certaines branches latérales qui pourraient déformer la tige.

Dans certaines contrées de la France, et particulièrement dans le midi, on a l'habitude de donner aux arbres la forme d'un vase ou d'un gobelet. Cette disposition laisse beaucoup à désirer ; on n'obtient pas ainsi un ombrage complet, car les têtes de ces arbres, quoique tangentes, laissent entre elles des vides par lesquels les rayons solaires pénètrent jusqu'au sol.

Quant aux soins généraux à donner à ces plantations, nous n'avons pas à y revenir, les règles déjà posées en traitant des plantations d'alignement forestières leur étant également applicables.

Renouvellement. — On ne doit songer à renouveler les plantations d'alignement d'ornement, que lorsque les arbres sont complètement décrépis et fournissent très peu d'ombrage. Il serait déraisonnable de devancer ce moment, car il s'écoule bien du temps avant qu'une nouvelle plantation rende les services qu'on obtenait de l'ancienne. Mais lorsque ce renouvellement devient indispensable, il faut l'opérer d'une manière générale, et non partiellement, sans quoi non seulement l'harmonie serait détruite par les vides intercalaires et la grande inégalité d'âge, mais encore, les nouveaux arbres auraient beaucoup à souffrir du voisinage de leurs aînés.

HAIES VIVES.

Les clôtures en haies vives sont une excellente défense pour préserver les propriétés du maraudage, de l'invasion des animaux, etc. Les administrations des chemins de fer trouveraient elles-mêmes de très grands avantages à en généraliser la création le long de leurs lignes, système bien préférable aux barrières en bois ou en fil de fer placées sur leurs limites, et qui, sujettes à de promptes détériorations, pouvant d'ailleurs être facilement renversées, ne s'opposent pas d'une manière assez efficace à l'envahissement des voies ferrées.

Les arbrisseaux dont se composent les haies vives étant soumis à des tontes fréquentes, destinées à favoriser leurs ramifications et à rendre ainsi la clôture impénétrable, sont d'autant plus exposés à la sécheresse que leurs racines pénètrent moins profondément dans le sol par suite de ces opérations répétées. On doit donc repousser le système qui consiste à établir ces clôtures sur les levées des fossés ou dans les terrains qui s'abaissent trop rapidement. Le meilleur mode d'établissement est celui qui consiste à ouvrir un fossé de deux mètres de largeur au sommet, profond de 1^m 50 et dont les côtés présentent une inclinaison de 40 degrés. Les arbrisseaux sont plantés au fond d'un fossé et croissent perpendiculairement, sans gêner la vue. On peut aussi planter simultanément au fond et sur l'inclinaison du fossé et

conduire la taille des ramifications dépassant le niveau du sol, de manière à donner à la haie , à partir
de ce point, une inclinaison ascensionnelle telle que
l'arête supérieure se trouve placée perpendiculairement à la ligne marquant le milieu du fossé. C'est à
cette forme que M. du Breuil accorde la préférence.

Nous allons toutefois nous occuper du cas plus
fréquent où l'on plante sans avoir recours à l'établissement des fossés.

Dans le courant de l'été , on ouvre à l'emplacement que doit occuper la haie , une tranchée continue de un mètre en largeur sur un mètre de profondeur dans les mauvais terrains, et de 0m 50 sur
0m 50 dans les terrains riches. Les terres extraites
restent exposées à l'influence de l'atmosphère jusqu'au moment de la plantation, et si elles sont de
mauvaise qualité , on met en réserve , lorsqu'il y a
possibilité de le faire, de la terre plus fertile destinée à être mise en contact avec les racines.

La plantation a lieu en automne , principalement
au mois de novembre , à moins qu'il ne s'agisse d'un
sol argileux humide , auquel cas , il convient de ne
planter qu'au mois de mars.

Plusieurs espèces se prêtent admirablement au but
que l'on se propose lors de la création des haies ;
nous citerons pour le midi de la France : l'*aubépine*,
le *paliure* , le *prunelier sauvage* , l'*érable de Mont-
pellier* , l'*olivier sauvage* qui tous croissent bien
dans les différents sols siliceux , argileux et calcaires : le *grenadier* s'accommode des terrains argileux
et des terrains siliceux ; le *prunier de Sainte-Lucie*
croit dans les sols siliceux et dans les calcaires;
l'aubépine , le prunelier sauvage , le prunier de
Sainte-Lucie réussissent également sous le climat
du Nord.

Le *paliure* est un arbrisseau très épineux , garni
de rameaux touffus , résistant très-bien à la séche-

resse; il abonde dans les plaines de la Crau. Ses qualités le rendent précieux dans les terrains arides exposés à la sécheresse.

L'*acacia sauvage* remplit très imparfaitement le but des clôtures, car il laisse beaucoup de vides. On doit donc en rejeter l'emploi.

Enfin, une clôture excellente dans les terrains salants, est l'*arbousier sauvage* qui drageonne beaucoup et fournit ainsi des haies impénétrables.

On ne doit jamais mélanger les espèces ensemble, car elles se nuisent réciproquement. Si l'on est dans le cas de les varier, on les place les unes à la suite des autres. Certains propriétaires ont l'habitude de planter au milieu de leurs haies des arbres de haut jet; cette pratique est vicieuse, attendu que ces arbres en se développant épuisent le sol au grand détriment de la haie.

Les jeunes plants doivent être âgés de deux ans, dont un de repiquage, à l'exception du prunier de Ste-Lucie, qui étant beaucoup trop développé après la seconde année, se place à demeure à l'âge d'un an.

Au moment de planter, on remplit les tranchées et on procède à l'habillage des jeunes plants. Cette opération consiste à couper l'extrémité des racines et à supprimer le tiers de la longueur totale de la tige, ce qui a lieu au moyen d'un instrument bien tranchant.

La plantation se fait sur une ou deux lignes; cette dernière est préférable; elle fournit une haie plus épaisse et mieux garnie. La plantation sur trois lignes est vicieuse, car les plants de la ligne intermédiaire gênés par leurs voisins, dépérissent et finissent par disparaître. Les distances à observer sont de dix centimètres dans le premier cas; dans le second, les plants sont disposés en quinconce avec espacement de 16 centimètres entre les deux lignes et entre les plants de chaque ligne.

Entretien et formation des haies.

—Les haies doivent être, surtout pendant la première année, prémunies contre la sécheresse du sol, au moyen des binages ou des couvertures. Ces dernières sont organisées comme il a été dit en traitant des pépinières et disposées sur une largeur de 50 centimètres de chaque côté de la haie. Les binages, qui doivent être répétés deux fois dans le courant de l'été, sont préférables sur les sols compactes.

De plus, un labour avec les instruments à dents sera effectué en automne dans les terrains compactes et en été dans les terrains légers, afin d'ouvrir le sol aux influences atmosphériques et de détruire les plantes traçantes. Ces opérations se répètent la seconde année, et lorsque les plants ont parfaitement repris, c'est-à-dire après deux ans de végétation, on procède au recépage. A cet effet, on coupe toutes les jeunes tiges à six centimètres environ au-dessus de la surface du sol. Pendant l'été suivant, les jets croissent nombreux et vigoureux.

On se borne généralement à laisser aux ramifications le soin de se développer naturellement, et lorsque la formation de la haie est complète, on pratique toutes les années une tonte au sommet et sur les deux faces latérales. La première tonte a lieu pendant la troisième année qui suit le recépage. Ce mode d'opérer exige moins de soins, mais ne fournit pas une défense aussi impénétrable que dans le système de croisement des brins, conseillé par M. du Breuil et qui se pratique de la manière suivante :

La première année du recépage, après la chûte des feuilles, on enfonce dans le sol, au milieu de la haie, une série de pieux disposés à trois mètres d'intervalle les uns des autres, et d'une hauteur égale à celle que l'on veut donner à la haie. Puis, on incline les unes sur les autres les jeunes tiges développées à la suite du recépage, en les couchant sur un angle d'environ 45 degrés. On les enlace ainsi, de telle sorte qu'il y ait un nombre égal de brins inclinés à droite et à gauche de la haie. Pour maintenir cette sorte de treillage dans une position verticale, on fixe contre les pieux et vers la moitié de la hauteur de la jeune haie, une perche transversale qu'on attache aussi de place en place contre la haie. Pendant l'été suivant, les jeunes brins s'allongent, et l'hiver venu, on les croise de nouveau en maintenant l'ensemble de cette nouvelle production dans une hauteur verticale, à l'aide d'une seconde perche transversale fixée entre les pieux du côté opposé à la précédente. On continue d'élever ainsi chaque année cette haie juqu'au moment où elle a atteint une hauteur suffisante ; on la fixe alors contre une dernière perche transversale, puis on l'arrête en coupant son sommet pendant l'hiver et l'on pratique des tontes sur les deux faces verticales de la haie. Ces tontes se répètent tous les deux ans ; cette période est suffisante quel que soit le système adopté pour la formation de la haie ; elles ne doivent jamais avoir lieu pendant la saison de végétation. On se sert pour cette opération des ciseaux à tondre ou du croissant.

Lorsque les haies acquièrent trop d'épaisseur, on pratique un élagage qui porte sur le vieux bois, en ayant soin de ne pas créer des vides trop grands, surtout dans les tiges verticales.

Il est essentiel pour le bon entretien des haies, de leur donner tous les ans un binage et un labour, l'un pendant l'été, l'autre avant ou après l'hiver.

Remplacements.—En cas de non réussite ou de dépérissement de quelques jeunes plants, leur remplacement doit s'effectuer le plus tôt possible. Pour le faire avec succès, il faut opérer sur une longueur d'au moins 80 centimètres. On prépare le sol comme pour une plantation nouvelle, et, la tranchée étant ouverte, on place à chaque extrémité une petite planche aussi profonde et aussi large que la tranchée, pour empêcher les racines voisines d'envahir l'espace nécessaire aux nouveaux plants.

Restauration , rajeunissement. — Lorsque les haies sont parvenues à un certain âge et commencent à dépérir, on les rajeunit en les recépant à la fin de l'hiver à quelques centimètres du sol. Dans les terrains où l'élément calcaire manque, il est bon de pratiquer au commencement de l'hiver un marnage destiné à activer la végétation. Lorsque la marne est délitée, c'est-à-dire au printemps, on l'enterre au moyen d'un labour fait avec un instrument à dents.

PRINCIPALES MALADIES ET INSECTES NUISIBLES.

Principales maladies. — Les maladies dont les arbres sont le plus communément affectés sont : les *ulcères,* la *carie,* les *empoisonnements, l'asphixie des racines,* la *gelivure* et la *roulure.*

Les *ulcères* sont le résultat de plaies pénétrant jusqu'au corps ligneux sous l'influence de l'air atmosphérique, de l'eau qui pénètre ces plaies avec d'autant plus de facilité que leur surface est moins unie ; les couches extérieures de l'aubier sont altérées et il se forme un écoulement produit par un liquide de couleur brune et d'une grande acreté. Cet écoulement empêche même la formation des bourrelets sur les bords de la plaie ; par suite, cette dernière tend toujours à s'accroître en altérant l'écorce et le corps ligneux. Alors, non-seulement le bois perd rapidement de sa valeur, mais encore le dépérissement de l'arbre peut être la conséquence de cet état maladif prolongé. Il est donc urgent d'y remédier.

A cet effet on enlève jusqu'au vif, au moyen d'un instrument tranchant, la partie de l'écorce altérée ainsi que le bois décomposé ou déchiré, de manière à former une plaie très nette; on laisse cette dernière se dessécher à l'air pendant un jour ou deux ; on la recouvre ensuite complètement avec de la résine appliquée de la manière indiquée pour l'engluement des plaies résultant de l'élagage qui a mis à nu le bois parfait. *(Voyez page 60).*

La *carie* est une conséquence des ulcères auxquels on n'a pas porté remède. Le corps ligneux exposé à l'influence de l'air et de l'humidité se décompose et se corrompt. Lorsque la carie fait des progrès, l'arbre finit par devenir entièrement creux et sa durée est sensiblement diminuée. Il n'est pas possible de remédier à cet état, mais on peut prolonger l'existence du sujet en arrêtant les progrès de la maladie sur les parois de la cavité produite.

Pour cela, on comble la cavité jusqu'à son orifice avec du mortier composé de chaux et de sable. On ferme ensuite l'ouverture avec de la résine pour empêcher l'eau d'y pénétrer. Ce procédé a été mis en usage avec succès sur les arbres à fruits.

Les *empoisonnements* sont occasionnés par certaines substances liquides ou gazeuses mises en contact avec les feuilles ou les racines.

C'est principalement dans le voisinage des fabriques de produits chimiques et des établissements desquels s'échappent d'abondantes vapeurs acides ou ammoniacales que se produisent les empoisonnements. Les feuilles commencent alors par se dessécher et les arbres périssent après une lutte plus ou moins prolongée.

Il n'existe pas de remède contre ces influences. On doit s'abstenir de planter dans le voisinage de ces établissements, ou tout au moins il faut choisir le côté le moins exposé aux émanations pernicieuses.

Nous avons déjà eu l'occasion de parler des empoisonnements produits par les fuites de gaz dans les plantations urbaines. Nous ne les mentionnons donc ici que pour mémoire.

Asphixie. — L'influence de l'air est nécessaire aux racines pour exercer leurs fonctions ; en dehors de cette influence, elles pourrissent, l'arbre languit et meurt. C'est ce qui a lieu lorsque, par une cause quelconque, le sol s'est trouvé tout-à-coup notablement exhaussé au-dessus de son niveau primitif et a été abandonné dans cette situation. On doit donc se hâter d'enlever la terre qui surcharge le sol.

L'intempérie des saisons détermine les maladies connues sous les noms de *gelivure* et de *roulure*.

La *gelivure* ou *cadranure* se produit à la suite d'un grand abaissement subit de la température, alors que les arbres renferment beaucoup d'humidité. Des fentes longitudinales, rayonnant du centre vers la circonférence, se manifestent dans toute l'étendue du corps ligneux et occasionnent ordinairement la déchirure de l'écorce; souvent, à la suite de cet accident, il se forme des écoulements promptement transformés en ulcères. Dès que les fentes apparaissent sur l'écorce, on doit enlever avec un instrument tranchant les deux côtés de la plaie longitudinale et fermer cette ouverture avec de la résine.

La *roulure* résulte de l'action des gelées tardives, lorsque les arbres étant déjà en pleine végétation, la couche ligneuse de l'année a commencé à se former. De là une désorganisation qui enlève au bois une grande partie de sa valeur. Il n'existe pas de remède connu contre les effets de cette maladie.

Nous mentionnerons encore les accidents produits par l'action nuisible du soleil couchant sur l'écorce des jeunes arbres. Cette action se manifeste par le dessèchement de la partie du tronc exposée à l'influence des rayons solaires. L'écorce se crevasse et tombe en laissant à nu le corps ligneux. C'est surtout sur les espèces dont l'écorce reste longtemps lisse que ces accidents sont le plus fréquents. Afin d'y parer, il est essentiel de badigeonner pendant les premières années les troncs des jeunes arbres avec une bouillie de chaux éteinte mélangée avec de l'argile. Cette précaution est la même que celle indiquée pour s'opposer aux inconvénients résultant du durcissement des jeunes écorces qui, acquérant par suite une très-grande tenacité, s'opposeraient à l'accroissement en diamètre. *(Voyez page 46).*

Insectes nuisibles.— Les insectes sont des ennemis d'autant plus redoutables pour la végétation qu'ils multiplient dans des proportions considérables, si rien ne s'oppose à leur accroissement, et que leur présence est souvent signalée tardivement après des ravages difficiles à réparer. Leur destruction doit donc être l'objet de soins spéciaux ; rien ne doit être négligé dans ce but.

Parmi les espèces les plus nuisibles il convient de citer :

1° Le *hanneton commun*, (famille des Coléoptères), qui fait son apparition à des époques périodiques. Il dévore les feuilles et les jeunes pousses des arbres. Sa larve, connue sous le nom de *ver blanc*, ronge les racines et produit des effets désastreux. Elle n'est transformée qu'au bout de trois ans.

Pour se débarrasser des hannetons, on ébranle fortement, surtout le matin, les arbres sur lesquels ils sont posés ; on les ramasse et on les détruit par le feu ou l'eau bouillante. Cette mesure devrait être généralisée dans les localités qui sont infestées de ces insectes. Toutefois les propriétaires ne doivent pas négliger d'opérer isolément, car l'expérience semble démontrer que le hanneton s'éloigne peu du lieu où il est né.

Quant aux larves, on doit les ramasser toutes les fois qu'on les rencontre en remuant le sol ; dans les pépinières où elles exercent principalement leurs

ravages, il convient de fouiller avec précaution au
pied des jeunes arbres qui paraissent languissants.
Un moyen efficace pour reconnaître la présence des
larves et amener facilement leur découverte, consiste
à semer de la laitue entre les pieds des arbres. En
visitant attentivement les jeunes laitues, on retrou-
vera facilement les vers autour des racines de celles
qui paraissent souffrantes.

Les animaux qui font une guerre acharnée à cette
espèce sont : le renard, la martre, la fouine, le
blaireau, la chauve-souris et la taupe (cette dernière
détruit les larves). Parmi les oiseaux, il convient de
citer la chouette, le hibou, la corneille, la buse et
un grand nombre de petits oiseaux. Les animaux de
basse-cour s'en nourrissent aussi volontiers.

2° Les *scolytes*, et notamment le *scolyte destruc-
teur*, (coléoptère), attaque principalement l'écorce.
Sa larve ronge le liber des arbres en y pratiquant
des galeries qui interceptent la circulation de la sève.

Un procédé de destruction efficace, mis en pratique
par M. Eugène Robert, consiste à pratiquer dans
l'écorce des jeunes arbres des tranchées larges de
0m 06 centimètres, séparées entre elles par un intervalle laissé intact, d'une largeur double. Ces tranchées partant du collet de la racine, se prolongent
jusqu'à la naissance des grosses branches ; elles doivent pénétrer jusqu'aux couches les plus vivaces du
liber sans les attaquer. Par suite de cette opération,
toutes les galeries des scolytes placées sur le parcours
des tranchées sont mises à nu et les insectes meurent.
Quant aux galeries placées sur les bandes non opé-
rées, les larves sont arrêtées dans leur trajet hori-
zontal par les tranchées et périssent bientôt faute
de subsistance ; d'ailleurs l'arbre recouvrant sa vigueur par suite de cette opération, les larves sont
noyées par l'abondance de la sève qui s'entravase
dans leurs galeries.

Si les arbres sont âgés, on enlève la vieille écorce

6

sur toute la surface du tronc, en respectant seulement les couches les plus vivantes du liber. On badigeonne ensuite les surfaces mises à nu avec une bouillie composée de chaux éteinte et de terre glaise, et dans les endroits où l'aubier a été mis à nu on pratique l'engluement avec de la résine.

Si enfin certaines parties de l'écorce ont été complètement détruites, on enlève tous les débris desséchés, jusqu'à l'aubier et on badigeonne le tronc comme il vient d'être expliqué.

5° Les *chenilles.* — Il n'est pas besoin de faire ressortir ici la gravité des ravages que les chenilles exercent sur les arbres. Les mesures d'échenillage sont prescrites partout; elles ne sauraient être exécutées trop ponctuellement, et, à défaut de moyens suffisants de contrôle de la part de l'autorité, il serait à désirer que les propriétaires exerçassent entre eux une surveillance de nature à assurer l'exécution rigoureuse des arrêtés.

Quoi qu'il en soit, cette destruction n'est jamais complète et il est important de préserver les pépinières des atteintes de ces insectes dangereux. A cet effet, on doit les visiter fréquemment, de bon matin, et communiquer une secousse à chaque arbre, en frappant la tige avec le poing. Les chenilles tombent et on les écrase.

Parmi les espèces les plus nuisibles on doit citer le *cossus ronge-bois,* qui attaque principalement les saules, les peupliers et particulièrement les plantations d'ormes dans lesquelles il cause des ravages considérables.

Sa destruction est très-difficile; il faut s'attacher à diminuer son abondance en faisant la chasse aux papillons. Ces derniers sont d'un gris cendré avec de nombreuses petites lignes noires sur les ailes supérieures. On les rencontre fréquemment, vers le milieu de l'été, appliqués contre les troncs des ormes. On doit aussi détruire les cocons et les chrysalydes que la chenille dépose sous l'écorce, à l'orifice des galeries. Cette chenille est de la grosseur du petit doigt, de couleur rougeâtre, avec des bandes transversales d'un rouge de sang. Elle pénètre, jeune encore, au-dessous de l'écorce où elle pratique aux dépens des couches d'aubier les plus récentes et des couches du liber, de nombreuses galeries qui interrompent la circulation de la sève. Sa présence est indiquée par un suintement rougeâtre, accompagné de détritus semblables à la sciure de bois. Ces substances s'échappent par des ouvertures irrégulières. On peut en détruire une partie en introduisant dans les galeries horizontales un petit fil de fer dont la pression tue l'insecte.

On usera aussi avec avantage du procédé indiqué pour la destruction du *scolyte*; par cette opération, un grand nombre de larves sont mises à nu et périssent.

Nous avons accompli notre tâche. Ici s'arrête la série des leçons dont nous avions entrepris l'analyse. M. du Breuil a clôturé son cours par des démonstrations pratiques faites sur divers arbres de la promenade et de la route impériale longeant le canal. L'élagage en général, et surtout celui des branches d'un certain volume, la formation de la tige sur les arbres étêtés, ont été pratiqués aux yeux de tous et ont rendu palpable l'application des règles qui avaient été développées. Ajoutons en terminant que la mission de l'éminent professeur a été bien remplie.

FIN.

ERRATUM :

Page 21 , à la 11e ligne , au lieu de : *dans un âge bien avancé* , lisez : *dans un âge peu avancé.*

TABLE SOMMAIRE

DES MATIÈRES.

www.ingramcontent.com/pod-product-compliance
Lightning Source LLC
Chambersburg PA
CBHW050603210326
41521CB00008B/1088